机器视觉技术及应用

宋 伟 吴章江 于 京◎著

中国铁道出版社有限公司
CHINA RAILWAY PUBLISHING HOUSE CO., LTD.

内 容 简 介

本书通过实际案例论述工业机器视觉技术的基本原理，并用核心代码论述技术要点。全书共9章，分为三部分。第一部分包括第1章和第2章，论述机器视觉的基本概念和组成结构；第二部分包括第3~8章，论述传统工业机器视觉在动态检测、三维立体检测、模板匹配、分拣系统、导航等方面的应用；第三部分包括第9章，论述在现代人工智能背景下基于深度学习的机器视觉的应用，以帮助读者快速掌握基于深度神经网络的配置方法、模型应用等技巧。

本书为从事机器视觉的技术人员提供了一些基础资料，给从事该领域研究的人员提供了一些技术指导，也可作为高等院校人工智能、电子信息工程等专业的教材。

图书在版编目（CIP）数据

机器视觉技术及应用/宋伟,吴章江,于京著. —北京：中国铁道出版社有限公司,2024.3
ISBN 978-7-113-31125-4

Ⅰ.①机… Ⅱ.①宋… ②吴… ③于… Ⅲ.①计算机视觉 Ⅳ.①TP302.7

中国国家版本馆 CIP 数据核字（2024）第 061291 号

书　　名：	机器视觉技术及应用
作　　者：	宋 伟　吴章江　于 京

策　　划：	王春霞	编辑部电话：	（010）63551006
责任编辑：	王春霞　许 璐		
封面设计：	刘 颖		
责任校对：	刘 畅		
责任印制：	樊启鹏		

出版发行：	中国铁道出版社有限公司（100054，北京市西城区右安门西街8号）
网　　址：	http://www.tdpress.com/51eds/
印　　刷：	天津嘉恒印务有限公司
版　　次：	2024年3月第1版　2024年3月第1次印刷
开　　本：	710 mm×1 000 mm　1/16　印张：12.25　字数：199千
书　　号：	ISBN 978-7-113-31125-4
定　　价：	39.00元

版权所有　侵权必究

凡购买铁道版图书，如有印制质量问题，请与本社教材图书营销部联系调换。电话：（010）63550836
打击盗版举报电话：（010）63549461

前　言

推进新型工业化是全面建成社会主义现代化强国的重要支撑。随着数字技术在工业制造中的比重越来越大,传统工业面临着转型升级的要求。工业机器视觉通过视觉传感器捕获工业流水线上的产品信息,并通过智能图像处理算法和相应的软件进行有效结合,再搭配上对应的机械设备,即可捕获、理解生产线上的细节任务,最终实现对控制部分发出对应指令,完成工业生成阶段的相关任务。该技术可有效提高工业生产制造的效率,在智能制造方面发挥着重要的作用。

由于机器视觉是一门较为实用的技术,所含有的内容较为丰富,且跟应用领域密切相关,市场上该类型的书籍不是很多。本书内容基于国家自然科学基金和研究生教育教学改革项目（GRSCP 202335）的研究成果,其主要特点为:使用相对通用的实际案例来论述工业机器视觉中所使用技术的基本原理,并使用核心代码论述技术要点,以最大限度地让读者理解和掌握机器视觉技术及其应用。

本书主要分为三部分:

第一部分包括第1章和第2章,论述机器视觉的基本概念和组成结构。第1章主要讲述工业机器视觉中的一些基本概念,对工业机器视觉和计算机视觉间的差别给予简单的对比,并就相关发展现状进行了调研,同时给出了工业机器视觉相关的国际组织和一些标准;第2章主要给出了工业机器视觉的组成结构,从摄像机选择、光源选择、图像采集卡选择、工业机器视觉中的机械部件以及相关的软件几个角度对工业机器视觉中的各个组成部分进行了论述,并给出构建工业机器视觉系统的一些建议。

第二部分包括第3~8章,主要论述传统工业机器视觉的一些应用。其中,第3章针对平面尺度检测时的直线位置检测、矩形检测、圆检测以及畸变矫正进行了论述,这些作为工业器件基元结构测量的组成,其相关的测量方法对工业产品尺寸的测量精度起到了重要作用;第4章对工业机器视觉中的动态检测进行了探讨,论述了振动的概念、振幅的计算、频率的计算、振动检测的基本原理和常用的方法，并对经典的方法进行了对比，然后对于运动物体轨迹的计算和追踪进行了论述，并在基于视觉的速度计算方面给出了一些方法；第 5 章给出了三维立体检测的一些方法，对于常用的结构光检测方法，即直接三角法、光栅相位法、对称扫描法等进行了论述，并对其他的诸如飞行时间法、干涉法、光学三角法和相移测量法进行了介绍；第 6 章对工业视觉中常用的模板匹配的原理进行了论述，给出了较为简单的模板匹配算法，同时在数字模板制作方面给出了实现的基本方法，并就汽车车牌号匹配、火车螺钉掉失、零部件加工、身份证匹配等方面给出了一些实际案例；第 7 章结合实际工业产线上的分拣系统，给出了物品识别与分类、位置检测、不合格产品检测，以及几类产品分拣的方法，即基于形状不同的分拣方法，基于体积不同的分拣方法，以及基于颜色的分拣方法等；第 8 章是视觉在机器人导航方面的应用，给出了视觉传感器、定位和制图障碍物检测和避障、路径规划中的相关应用，同时对视觉 SLAM 的基本原理进行了论述，最后结合一些实用的机器人系统，给出了一些实用案例。

第三部分包括第 9 章，主要介绍了在现代人工智能背景下，基于深度学习的机器视觉的应用，结合深度学习的环境配置以及基于视觉的目标识别方法，即机器视觉系统在仪器仪表识别方面的基本应用，给出了基于视觉方法的基本流程。基于该流程，可以实现很多此类应用。

本书第 1、2、6 章由宋伟撰写；第 5、7、8 章由吴章江撰写；第 3、4、9 章由于京撰写，媒体计算实验室的学生参与了资料的收集、整理和部分内容的撰写。另外，本书对某些代码进行了简化处理，以便读者通过自行完善代码，实现编程能力的提升。

本书理论结合实践，可以给从事机器视觉的技术人员提供一些基础资料，为从事该领域的研究人员提供一些技术指导，也可作为高等院校人工智能、电子信息工程等专业的教材。

机器视觉技术日新月异，该领域所涉及的知识量十分庞大，由于著者水平有限，书中难免有疏漏或不妥之处，恳请读者批评指正。

著 者
2023 年 12 月

目 录

第一部分

第1章 工业机器视觉概论 ... 1
- 1.1 工业机器视觉和计算机视觉的区别 ... 1
  - 1.1.1 应用领域 ... 2
  - 1.1.2 技术关注点 ... 2
- 1.2 工业机器视觉发展现状 ... 3
  - 1.2.1 国内工业机器视觉发展现状 ... 3
  - 1.2.2 国外工业机器视觉发展现状 ... 3
- 1.3 工业机器视觉的国际组织和标准 ... 4
- 小结 ... 5
- 习题 ... 5

第2章 工业机器视觉的基本组成 ... 6
- 2.1 工业机器视觉的基本组成结构 ... 6
- 2.2 工业机器视觉的摄像机选择 ... 8
  - 2.2.1 分辨率 ... 8
  - 2.2.2 帧率 ... 8
  - 2.2.3 传感器 ... 8
  - 2.2.4 波长 ... 9
  - 2.2.5 接口 ... 9
- 2.3 工业机器视觉的光源选择 ... 9
  - 2.3.1 光源的亮度和均匀性 ... 10
  - 2.3.2 光源类型 ... 10
  - 2.3.3 光源的方向性 ... 10

2.3.4 光谱特性 …… 10
2.4 工业机器视觉的图像采集卡选择 …… 11
2.5 工业机器视觉中的机械部件 …… 12
2.6 工业机器视觉中的软件 …… 13
　2.6.1 常用的工业视觉软件介绍 …… 13
　2.6.2 系统的用户界面设计 …… 14
小结 …… 14
习题 …… 15

第二部分

第3章 平面尺寸检测 …… 16

3.1 直线位置的检测 …… 16
　3.1.1 无干扰点直线拟合 …… 17
　3.1.2 有干扰点直线拟合 …… 20
3.2 矩形检测 …… 24
3.3 圆或圆弧的检测 …… 25
　3.3.1 平面像素圆检测算法 …… 26
　3.3.2 三定点平面圆检测法 …… 30
3.4 畸变修正 …… 35
　3.4.1 相机标定 …… 35
　3.4.2 角点检测与匹配 …… 36
　3.4.3 畸变校正 …… 40
　3.4.4 重投影 …… 42
小结 …… 42
习题 …… 42

第4章 基于机器视觉的动态检测 …… 44

4.1 振动的振幅与频率的检测 …… 44
　4.1.1 振动的基本概念 …… 45

4.1.2 振动的产生 ... 45
4.1.3 振幅的定义和计算 ... 46
4.1.4 频率的定义和计算 ... 46
4.1.5 基于工业视觉振动检测的原理 ... 47
4.1.6 基于工业视觉振动检测的方法 ... 48
4.1.7 经典方法优缺点总结 ... 62
4.2 对运动物体的轨迹追踪 ... 63
4.2.1 轨迹的定义 ... 63
4.2.2 轨迹追踪的原理 ... 63
4.2.3 运动特征的定义与提取 ... 64
4.2.4 时空特征的定义与提取 ... 64
4.2.5 轨迹追踪的方法 ... 66
4.3 计算运动物体的速度 ... 72
4.3.1 平均速度的计算方法 ... 72
4.3.2 瞬时速度的计算方法 ... 72
4.3.3 基于机器视觉的速度计算方法 ... 72
小结 ... 73
习题 ... 73

第5章 基于机器视觉的三维立体检测 ... 75
5.1 结构光方法的三维检测 ... 76
5.1.1 直接三角法 ... 76
5.1.2 光栅相位法 ... 77
5.2 旋转方法的三维检测 ... 78
5.2.1 对称扫描模型 ... 78
5.2.2 斜入射式扫描模型 ... 79
5.3 其他三维检测简介 ... 79
5.3.1 飞行时间法 ... 79
5.3.2 干涉法 ... 80

5.3.3 相移测量法 ………………………………………………… 80
5.4 代码 ………………………………………………………………… 80
　5.4.1 代码 …………………………………………………………… 80
　5.4.2 检测过程 ……………………………………………………… 87
小结 …………………………………………………………………… 88
习题 …………………………………………………………………… 88

第6章 模板匹配算法及其应用 …………………………………………… 89

6.1 最简单的模板匹配算法 ………………………………………… 89
　6.1.1 灰度化处理 …………………………………………………… 90
　6.1.2 算法实现 ……………………………………………………… 90
6.2 数字模板匹配的方法 …………………………………………… 93
　6.2.1 制作数字模板 ………………………………………………… 94
　6.2.2 数字模板匹配方法的实现 …………………………………… 97
6.3 汽车车牌号模板匹配的方法 …………………………………… 102
　6.3.1 汽车车牌号的模板 ………………………………………… 102
　6.3.2 汽车车牌号模板匹配方法的实现 ………………………… 103
6.4 火车螺钉掉失模板匹配的方法 ………………………………… 106
6.5 用模板匹配方法评估机器零部件加工精度 …………………… 109
6.6 用模板匹配对身份证进行识别 ………………………………… 112
小结 …………………………………………………………………… 118
习题 …………………………………………………………………… 118

第7章 基于机器视觉的分拣系统 ………………………………………… 120

7.1 机器视觉在分拣系统中的应用 ………………………………… 121
　7.1.1 物品识别与分类 …………………………………………… 121
　7.1.2 位置检测 …………………………………………………… 123
　7.1.3 不合格产品的检测 ………………………………………… 124
7.2 根据物品特性进行分拣 ………………………………………… 126
　7.2.1 根据形状不同进行分拣 …………………………………… 126

7.2.2　根据体积不同进行分拣 ……………………………………… 131
　　　7.2.3　根据颜色特征进行分拣 ……………………………………… 134
小结 …………………………………………………………………………… 137
习题 …………………………………………………………………………… 137

第8章　基于机器视觉的导航 …………………………………………… 139
8.1　无人设备导航绪论 ……………………………………………………… 140
　　8.1.1　概述 …………………………………………………………………… 140
　　8.1.2　视觉传感器 …………………………………………………………… 140
　　8.1.3　视觉定位与制图 ……………………………………………………… 141
　　8.1.4　障碍物检测与避障 …………………………………………………… 141
　　8.1.5　路径规划 ……………………………………………………………… 141
　　8.1.6　应用 …………………………………………………………………… 142
8.2　机器视觉概念介绍 ……………………………………………………… 143
　　8.2.1　视觉成像部分 ………………………………………………………… 143
　　8.2.2　图像处理部分 ………………………………………………………… 144
　　8.2.3　运动控制部分 ………………………………………………………… 145
　　8.2.4　总结 …………………………………………………………………… 145
8.3　基于视觉SLAM的机器导航介绍 ……………………………………… 146
　　8.3.1　视觉SLAM原理 ……………………………………………………… 146
　　8.3.2　使用ROS实现视觉SLAM导航实例 ……………………………… 147
8.4　无人设备自主避障方案 ………………………………………………… 149
　　8.4.1　概述 …………………………………………………………………… 149
　　8.4.2　无人设备避障 ………………………………………………………… 149
8.5　使用Python实现无人设备按照线路的标识进行导航 ………………… 151
　　8.5.1　通过Python创建ROS节点 ………………………………………… 151
　　8.5.2　发布导航线路标识点 ………………………………………………… 152
　　8.5.3　程序示例效果 ………………………………………………………… 153
8.6　使用Python实现无人设备根据实时状况进行导航 …………………… 154

小结 ……………………………………………………………………… 156
习题 ……………………………………………………………………… 156

第三部分

第 9 章　基于深度学习的机器视觉的应用 …………………………… 157
9.1　深度学习介绍与环境搭载 ……………………………………… 157
9.1.1　深度学习的特点概述 ……………………………………… 157
9.1.2　深度学习环境的搭载 ……………………………………… 158
9.1.3　PyCharm 平台的使用 ……………………………………… 169
9.2　实际系统举例 …………………………………………………… 173
9.2.1　YOLOv5 目标检测 ………………………………………… 173
9.2.2　仪表盘读数系统 …………………………………………… 176
小结 ……………………………………………………………………… 184
习题 ……………………………………………………………………… 184

参考文献 ……………………………………………………………………… 185

第 1 章

工业机器视觉概论

工业机器视觉在现代工业体系中的重要地位决定了该系统所包含的概念较多，由于视觉系统的应用领域较为广泛，各个领域的概念也有所差异。本章结合目前较为普遍的定义，首先对工业机器视觉进行描述，然后对工业机器视觉和计算机视觉进行对比，指出各自适合的应用领域，然后通过相关资料的调研，综述工业机器视觉的国内外发展现状，并简要介绍国内外主要工业机器视觉的相关组织。

【学习目标】

◎了解工业视觉的基本概念，以及其中所包含的基本技术。

◎理解如何有效区分工业机器视觉和计算机视觉。

◎了解国内外工业机器视觉发展的一些进展情况。

◎了解工业机器视觉中一些国际组织，能够通过这些国际组织了解工业机器视觉的一些技术进展。

1.1 工业机器视觉和计算机视觉的区别

工业机器视觉尚无统一的定义，但基本原理是一种应用于工业和制造领域的技术，旨在通过使用计算机编程技术、图像处理技术、自动控制技术、机械结构等各种技术开发出能够满足工业实际应用需求的软硬件系统，可用来进行工业的测量、工业产品的检测等分析决策任务，进而实现自动化的流程。这种技术的主要目的是通过模仿和扩展人眼的视觉能力，利用摄像机使得机器能够看清、看懂相应的待处理信号，进而做出正确、有效的决策。

工业机器视觉和计算机视觉是相关的两个概念,但也有着本质的不同,这里从应用领域、技术关注点等方面进行区分。

1.1.1 应用领域

工业机器视觉是以实现自动化、质量控制、生产控制等跟工业应用相关的任务,通过视觉技术来控制相应的系统,进而实现自动化和生产过程,一般完成工业环境的产品检测、零件定位、缺陷检测、产品测量等功能。实际的工业视觉系统以软硬件形式同时出现,能够整体出售给流水线企业或者待处理产品的企业。比如通过对产品进行高质量的图像采集,能够完成高精度的图像分析,可以识别产品的缺陷、异物、尺寸偏差等问题;可以有效减少产品质量,减少次品率,确保生产过程中产品生产的有效性。另外,在一些工业场景中,完成对相应产品的识别、定位、排序等任务,可以把人从繁重的劳动中解放出来,替代了一些人工的常规操作,有效地提高了流水生产线的效率。

计算机视觉主要从软的方式进行,通常指让计算机具备人类视觉的能力,可以通过对采集图像的分析,提取图像中潜在的信息,然后利用相应的算法找到数据的模式,进而理解对应的信号,是一门涉及多个学科的技术。

1.1.2 技术关注点

工业机器视觉主要的技术关注点包括图像处理、图像分析、模式匹配、机器学习等问题。在实时性、精度、灵活性和应用方面考虑较多。计算机视觉一般将其分为图像的处理、图像的分析和图像的理解。常用的计算机视觉技术如医学影像分析、基于视觉的自动驾驶的图像分割、目标识别、目标检测、人脸识别、图像检索等任务。随着人工智能技术的发展,计算机视觉技术从传统的特征加分类器的方式向深度学习的端到端的方式进行。

可见,一般的计算机视觉技术偏向一种大尺度的图像处理技术,而工业机器视觉技术主要面向工业应用,将图像处理技术和多种技术进行有效结合,解决工业上面临的质量提升和效率提升的问题。

1.2 工业机器视觉发展现状

1.2.1 国内工业机器视觉发展现状

中国政府和相关行业组织发布了一系列关于工业机器视觉方面的文件、标准和政策。这些文件通常旨在引导和规范工业机器视觉技术在中国的发展和应用。作为智能制造重要的组成部分，工业机器视觉作为重要的解决方案，在工业产业升级和转型方面必定会发挥不可替代的作用。另外，国家标准化管理委员也会定期发布一些涉及工业机器视觉方面的标准，比如图像处理，机器视觉对应的一些标准等。另外，很多工业发达区域的地方政府和行业组织针对当地的行业特色，制定了一些发展的规划问题和政策文件，帮助企业发展基于智能化的工业机器视觉技术。一些研究结构也会发布关于工业视觉技术的白皮书，比如《中国工业机器视觉产业发展白皮书》等，对行业的未来发展趋势给出一些建议。随着制造业升级和智能制造的推动，中国的企业对工业机器视觉技术的需求不断增加，使得中国在工业机器视觉领域发展迅速，在图像处理、机器视觉和智能制造方面取得了显著的进展。随着人工智能、工业制造的快速发展，近年来我国在智能图像处理、人工智能算法方面快速发展，已经处于国际领先水平，系统级的开发能力位于世界前列。在先进的流水生产线上，无人车间越来越多，其智能的视觉系统引用大大提高了工业生产效率，也使得我国的工业制造水平快速发展。

1.2.2 国外工业机器视觉发展现状

在一些工业发达的国家，工业机器视觉技术也得到了快速发展，这些国家在工业机器视觉的研究、创新和应用方面都表现出色。比如在制造业占有重要地位的德国，很多工业机器视觉系统在世界著名的工厂中都有较好的应用，同时德国的工业视觉软件 Halcon 在该领域应用也较为广泛。世界较为有名的工业机器视觉公司基恩士就在工业发达的日本。对应的摄像机技术、视觉技术和机器人等相关的产业在日本都能找到较好的产品提供商，让日本在国际工业机器视觉方面独树一帜。美国在视觉的研究方面也具有举足轻重的作用，由于大量的著名高等学府位于美国，使得美国的视觉处理算法取得了领先性的地位。韩国在机器视觉和自动化领域也具有较大的优势，在电子、导体和汽车行业都可以看到工业机器视觉的应用。

由此可见，工业机器视觉的发达程度一定程度上可以反映该国工业现代化的水平。在强大的制造业需求的推动下，大量的科研机构针对工业实际应用需求，在工业视觉技术方面给予支持和引导，从而在图像处理、人工智能、智能制造方面取得了显著的进展。

1.3 工业机器视觉的国际组织和标准

国际电工委员会（IEC）：该组织发布的一些图像处理、传感器技术等标准都是工业机器视觉非常重要的组成部分。

国际标准化组织（ISO）：在工业机器视觉领域发布了一系列的有关计算机视觉、图像处理、机器视觉系统等方面的标准，并在光学元件的表面质量、几何产品规范等方面都有一些标准。

欧洲机器视觉协会（EMVA）：制定了一系列机器视觉的标准，重点在于规范设备和系统之间的操作，提高产品的质量和系统的可靠性。比如通用相机接口标准 GenICAM，将不同的设备生产商的相机接口进行了统一。用于主机和相机之间数据传输的通用接口 GenTL，该接口标准支持常见的 GigE Vision、USB3 Vision 等。另外，EMVA 1288 和 1333 都是工业视觉相关的标准。

美国机器视觉协会（AIA）：常见的 GigE Vision、Camera Link、USB3 Vision 等都是该组织指定的。GigE Vision 是一种基于以太网的工业相机标准，该接口能够统一各不同设备厂商在工业视觉系统的兼容性，使得不同用户不同设备在传输图像数据时变得方便；Camera Link 是工业机器视觉在图像传输，特别是高速图像传输过程中的重要标准；USB3 Vision 也是一种应用于高带宽实时传输的标准，是一种基于 USB3.0 接口的相机标准。

和以上组织不同的是，日本工业图像协会（JIIA）主要侧重日本本地产业的发展和标准化。另外，国际自动识别工业协会（AIM）主要专注自动识别和移动性研究领域，比如有关条形码、二维码和视觉识别技术的信息。其他的诸如美国的 NIST、德国的 DIN、英国的 BSI 等也都发布了一些与图像处理和机器视觉系统相关的国家标准。

中国机器视觉产业联盟：由机器视觉领域的企业和研究机构组成，旨在促进行业内企业间的合作交流，推动机器视觉技术的创新和应用。

中国机器视觉产业技术创新战略联盟：由政府、高校科研机构和企业共同组建，旨在推动机器视觉产业的技术创新和产业发展，促进产学研合作。

中国光学学会机器视觉专业委员会：中国光学学会下属的专业机构，致力于推动机器视觉技术在工业和科研领域的应用和发展。

中国自动化学会机器视觉专业委员会：中国自动化学会下属的专业机构，致力于机器视觉技术在自动化领域的应用和研究，推动学术交流和合作。

这些组织和机构都为推动国际工业机器视觉的发展起到了重要作用。

小　　结

本章对工业视觉的基本定义进行了描述。从定义、适用场景、关键技术等方面对工业机器视觉和计算机视觉进行了对比分析，并分析了工业机器视觉在工业产业中的重要地位，同时分析了工业机器视觉较为发达的国家的一些情况。

习　　题

1. 简述工业机器视觉的基本概念。
2. 简述国内外工业机器视觉组织。
3. 简述工业机器视觉和计算机视觉的区别。
4. 简述工业机器视觉的一些发展现状。

第 2 章

工业机器视觉的基本组成

工业机器视觉的组成与工业流水线上的应用具有较强的相关关系,实际使用过程中应根据需要进行基本结构的设计和相关器件的选择。本章结合工业机器视觉最一般的情况,对工业机器视觉的基本结构进行阐述,从摄像机、光源、采集卡、机械部分和软件部分等几个方面展开,并结合各组成部分的特点,分析了相关组件的挑选原则和技巧。

【学习目标】
◎ 了解工业机器视觉的基本组成结构。
◎ 理解工业机器视觉各个部分的相关关系。
◎ 掌握工业机器视觉各个部分选择的基本原则。
◎ 能够根据实际应用需求,组成满足实际需要的工业视觉系统。

2.1 工业机器视觉的基本组成结构

作为智能制造的重要组成部分,工业视觉系统是一个相对较为复杂的系统,通常通过各个组成部分协同工作,以实现自动化、检测和分析等视觉任务。其一般由如下几个基本部分组成:

首先需要通过视觉传感器进行工业实际场景的采集,进而为工业视觉系统提供数据,因此摄像机是工业视觉系统的核心组件,负责采集实际场景中的图像或视频。工业视觉摄像机会根据实际工业适用场景而选择不同,一般需要具有高分辨率、高帧率和其他特定要求,以满足工业机器测量系统的误差的要求。

第二是光源系统,光源用于提供足够的光照,确保摄像机能够捕捉清晰、明亮的图像。适当的光照是实现质量控制和检测任务的关键因素。实际在构建工业机器视觉系统的过程中,需要将光源和实际场景搭配起来进行选择,要考虑待检测物品的情况,摄像机的情况等。

在一些对相关待测量产品精度要求较高的场景,需要搭配上特殊的镜头,镜头用于聚焦光线,将实际场景中的光信息转化为摄像机的图像。实际测量过程中,需要根据光源情况、相机情况,选择适当的镜头类型、焦距和光圈,进而获得较高质量的图像。

图像采集卡也是机器视觉中重要的一部分,由于我们处理的都是数字信号,采集卡负责将摄像机传输的模拟图像转换为数字信号,进而可以利用数字化的硬件系统,或者计算机对其进行处理。但对于数字摄像机,比如 USB 摄像头,一般不需要图像采集卡。

由于摄像机采集的是数字图像,因此图像处理单元也是智能算法的重要组成单元,数字图像处理单元可以是一台计算机,也可以是专用图像处理设备,比如图形工作站,或者具有图像处理能力的边缘设备等,用于执行图像的处理和分析。这里面可以进行图像的基本操作,比如图像预处理、图像增强、图像分割、目标检测等算法。

实际在一些工业场景中,一些常用的工业软件可以为工业视觉系统提供基本处理能力,这些软件也是工业视觉系统的关键组成部分,用于控制和协调摄像机、图像处理单元等硬件组件。图像处理软件通常包括用于算法执行、图像分析、结果输出等功能的应用程序。

在构建完成对应的硬件系统,并完成对采集图像的处理后,需要设计能够满足对应工业系统应用的图像显示和用户界面,用来显示工业视觉处理的结果。同时在需要进行参数设置或者交互的部分,通过用户的界面,实现友好交互。

有些工业视觉系统,还包括一些机械部件,比如在基于视觉的巡检测量系统中,通过构建支架、固定装置和运动系统,使摄像设备能够准确面对工业待检测设备,进而能够使得检测的范围扩大。实际的系统还需要考虑通信接口,一些采用机器控制系统或者可编程逻辑控制器的场合,都需要根据实际情况,选择合适的连接装置。

应用于工业测量系统中的视觉系统,各个组成部分共同协作,使得整个系统完成图像采集、处理、分析,并最终做出相应的决策,以满足制造和质量控制等领域的需求,进而保证系统整体性能和可靠性。

2.2 工业机器视觉的摄像机选择

通过工业相机摄像机将所要处理的工业产品进行图像数据的收集,然后利用对应的算法进行处理,因此图像数据的质量与摄像机的选择具有较为重要的关系,实际构建工业视觉系统过程中,需要考虑多个因素,更多的时候,可能需要将多个因素进行综合考虑,以满足对特定场景的需求。以下是一些常用的选择指标要求。

2.2.1 分辨率

分辨率描述了摄像机图像的清晰度和细节度。一般选择摄像机的过程中,将工业中需要的具体测量误差与实际相机采集到图像的大小进行计算,进而选择满足测量误差要求的分辨率,过大的分辨率能够得到更高精度的测量效果,但对应的成本也较高,同时对于一些实时性要求较高的场景,可能会带来一定程度的时延;另外,分辨率太小,使得测量的产品的参数指标无法满足系统的需要,进而失去了视觉系统的测量精度。

2.2.2 帧 率

视频是按照顺序进行有效排序的图像序列,帧率表示摄像机每秒传输的图像帧数。太高的帧率能够有效检测微弱动态变化的情况,但大量的数据处理,一定程度上会拖慢处理的速度,使得在一些需要实时检测的场景,可能达不到具体的要求。太低帧率的摄像机可能无法观察到相应动态变化的情况。实际在选择过程中,可以计算不同帧率条件下,待分析产品的动态情况,挑选满足工业生产线需要的帧率,做到实时性和动态现象的平衡。

2.2.3 传感器

工业机器视觉摄像机通常使用不同类型的传感器,一般的摄像机可以分成基于电荷耦合器件（CCD）摄像机和基于互补金属氧化物半导体（CMOS）摄像机。前者较后者在图像质量方面可能更优越，后者传感器在成本、功耗和集成度方面更有优势。在实际选择的过程中，需要根据待使用的工业场景，从图像质量、功耗和成本等方面做综合性比较，选择合适的传感器类型。

2.2.4 波　　长

在一些低光条件下的应用，还需要对波段进行选择，一些具有较高灵敏度的摄像机是必需的。另外，在一些场景下可能会用到红外（IR）或紫外（UV）等灵敏度的摄像机。在有强烈光照变化的环境中，选择具有较大动态范围的摄像机能够更好地捕捉所需要测量产品的具体细节。这里的动态范围一般是指摄像机能够捕捉的亮度范围。同时，还根据需要选择适当的镜头类型，如定焦镜头或变焦镜头，其目的是获得更高质量的采集图像。另外，镜头的焦距和光圈也需要考虑。

2.2.5 接　　口

不同摄像机的接口标准也会有所差异，这些接口的不同与摄像机的成本有相关关系，同时，不同接口的摄像机在传输图像设备的过程中，也会存在差异，一般的接口有 GigE Vision、USB3 Vision、Camera Link 等。在实际选择过程中，根据成本价格和数据传输速度要求，及其他硬件系统的集成需求，综合选择摄像机。另外，在集成过程中，还需要根据应用环境和安全要求来选择摄像机的尺寸和基本形状。在一些特殊场景下，比如水下或者化学工业测量环境中，摄像机的选择还和防尘防水、防化学药品以及摄像机的耐用性相关，以应对恶劣环境对摄像机的影响。

最后，摄像机的成本也是一个重要的选择因素，工业的系统构建一定是在满足基本应用需求的条件下，在成本和性能之间做到较好的平衡，进而控制系统的开发成本，满足预算和性能的双重要求。

●●●● 2.3　工业机器视觉的光源选择 ●●●●

在工业机器视觉中，图像采集是由摄像机与合适光源的有效搭配所完成，因此光源选择对于获得清晰、准确的图像至关重要。光源的合理选择能够有效地改善图像质量，提高系统的整体性能。以下是一些工业视觉光源选择的原则。

2.3.1　光源的亮度和均匀性

光源应具有足够的亮度以确保摄像机能够捕捉清晰的待处理产品的图像。同时，光源的均匀性也很重要，以避免图像中出现阴影和过亮/过暗区域。只有合适的亮度和均匀性才能使得采集到的图像满足处理的要求，对后续的图像处理算法提供合适的数据基础。

2.3.2　光源类型

实际的工业生产线上，不同的应用可能需要不同类型的光源，包括白光、红外光、紫外光等。光源类型的选择取决于应用需求，如物体特性、反射率和检测要求。实际选取的过程中，应该试用各种不同的光源，同时让摄像机采集对应的图像，进而查看图像质量的效果。

2.3.3　光源的方向性

光源的方向性也即光源在实际生产线上摆放的位置，不同的方向使得采集的图像的清晰度和曝光度都会存在不同，实际上应该在不同角度和不同方向上进行照射，并用摄像机捕捉图像，通过实际图像质量来判断合适的方式。一些应用可能需要全方向性光源，而其他应用可能需要定向光源，以减少反射和阴影。

2.3.4　光谱特性

在一些需要根据颜色特性进行检测的应用中，可根据光源的光谱特性不同来区分不同的颜色区域，特定的应用可能需要考虑光谱的特性。同时光源的稳定性和恒定性也是考虑的一个方面，所采用的光源通常应具有稳定的输出，以确保在不同时间和环境条件下获得一致的图像。恒定的光源有助于提高系统的可靠性和稳定性。有些光源可能存在一些可见或不可见的闪烁，这可能对某些应用产生影响。在需要稳定光源的情况下，应选择不产生明显闪烁的光源。另外，光源在使用过程中，还会产生一定的热量，在一些实际应用场合中，热量可能会影响到实际的待处理产品采集的质量，通常在对温度要求较高的场合，需要选择一些热影响相对较小的光源。在实际过程中，光源的可调性使得光源的应用更加灵活方便，进而可以调整亮度或光谱以适应不同的应用需求。考虑到应用环境，选择符合相关安全标准的光源，以确保系统的安全性和符合法规要求。

不同的光源，比如线光源，面光源和其他类型的光源，也会由于光源特性不同导致成本不同，在考虑整个系统的性能时，也需要将成本考虑在内，在满足基本性能需求的同时，使得产品的成本保持在一个范围内。

在实际选择中，需要根据具体的应用场景和要求权衡上述因素，以确保选择的光源能够最好地满足工业视觉系统的需要。

2.4 工业机器视觉的图像采集卡选择

图像采集卡能够将对应的物理信号经过处理变成方便处理的数字信号，选择适当的图像采集卡对于工业视觉系统的性能至关重要。以下是选择工业视觉图像采集卡时需要考虑的一些关键因素。

（1）接口类型。不同生产厂家的采集卡接口类型可能存在差异，因此图像采集卡的接口类型与摄像机的接口需要匹配。常见的接口包括 GigE Vision、USB3 Vision、Camera Link 等，在具体使用过程中，要确保图像采集卡和摄像机之间的接口能够兼容。在输出传输过程中，图像采集卡的带宽需满足摄像机传输图像数据的要求。带宽足够大可以确保高分辨率和高帧率的图像能够被有效传输到计算机。同时带宽的大小和系统的实时性较为相关，需要选择合适的带宽。采集卡的另一个指标就是分辨率和位深度，位深度就是实际采集到图像值的大小，需要根据待处理的产品采集情况选择支持所需图像分辨率和位深度的图像采集卡，确保图像采集卡的规格能够满足应用需求，避免图像数据的失真或信息丢失。

（2）兼容性。另外，采集卡与不同硬件系统或者软件系统的兼容性也是需要考虑的要素之一，需要查看产品的供应商的驱动程序和软件支持，以确保顺利的集成和操作。

（3）多通道。采集卡的多通道特性也是重要的指标之一，如果应用需要同时采集多个摄像机的图像，选择支持多通道输入的图像采集卡。这对于同时处理多个视觉任务非常重要。对于需要同步和触发的应用,确保图像采集卡具有适当的触发和同步功能。这对于保持系统的一致性和精度至关重要。另外,实际的工业机器视觉生产线可能安装在一些环境较为复杂的场景,还需要考虑采集卡的抗电磁干扰和抗噪声能力。在构建系统的过程中,图像的采集卡还需要综合考虑抗干扰性能,以确保稳定的图像采集。

(4)其他。其他的一些参数指标,诸如抗极限温度能力,确保采集卡在温度极低或者极高的情况下,采集的图像依然能够清晰,具有适应环境温度的能力。对于需要实时处理的场合,还需要考虑采集卡的延迟性能,系统的可靠性和稳定性,也与采集卡的稳定性相关,实际在使用的过程中,也需要综合考虑以上各项技术指标,进而满足实际的需要。

2.5 工业机器视觉中的机械部件

在工业机器视觉系统中,需要一些硬件组件来支撑摄像机、光源或者镜头等机械部件,以使得搭建的视觉系统能够在实际测量过程中,既保持采集图像过程中系统的稳定性,也能够在需要调整的过程中具有一定的灵活性,进而能够精准地实现对待处理产品的定位。常见的机械部件如下:

首先确保用于固定摄像机、光源和其他设备的支架和固定装置在所需位置稳固地安装。支架的设计应考虑到整个系统的实际布局情况和采集设备的工作环境。在一些需要移动或者灵活调整的环境下,可借助平台和导轨使得摄像设备能够灵活移动或通过自动设备进行控制,还可以借助机械臂和导轨系统,完成对摄像设备和光源的移动,以便部署到合适的位置,采集到满足要求的图像。

摄像机的采集质量还和焦距有较强的相关关系,可以通过机械装置手动或者自动调整镜头焦距,以便更好地适应不同的视野需求。为了保持整个机械结构的平滑性,可能还需要借助滑轮或者轴承,进一步减少机械组件的摩擦,使得运动平稳。镜头前面也可能增加光学过滤器支架,以进行特定的颜色过滤或光谱调整。在高温环境下,可能冷却装置也需要选用,放置整个系统的温度过高,影响采集图像的质量。特殊场景下,可能还需要加上防护罩,解决整个系统的防尘、防水和防震问题,也可保护整个系统免受外界损坏。

2.6 工业机器视觉中的软件

2.6.1 常用的工业视觉软件介绍

工业机器视觉系统最重要的部分是将采集的图像进行数据分析，提取出所要处理的信息的特征，进而对其进行分析，最终得出整个系统的有效输出。因此对采集图像的分析、处理、决策判断就显得较为重要。目前市面上商用的软件很多将相关的图像处理封装成图像库，方便用户进行调用，解决工业实际应用需求。每一种商用的软件都有一些特点，实际在选用的过程中，根据项目的具体情况和软件的适用范围选择合适的软件。以下是一些常见的商业软件：

Halcon 是一款功能较为强大的机器视觉软件，丰富的图像处理库和案例使得该软件的应用范围较为广泛，并且该软件对不同类型的图像处理的支持性都较为优秀。其中主要包括模式匹配、形状分析、特征测量，光学字符识别等功能。其图形化的开发环境能够方便用户直观分析、查看处理的每一个过程，可视化操作比较出色。同时该软件能够支持各种接口的相机，应用较为广泛。

Visionpro 也一个全面的视觉软件，适用于工业自动化和相关工业器件测量等任务的应用，其软件也包括图像预处理、图像滤波、光学字符识别、形状匹配等工具，随着人工智能多层神经网络的应用，基于深度学习的图像处理方法也在该软件中得到了大量的扩展和应用，方便用户能够根据最新的神经网络结构得到满足工业应用需求的人工智能工业制造的相应算法。

OpenCV 是一个开源的计算机视觉库，很多平台都能有效调用该库，内部拥有强大的图像处理和计算机视觉算法，同时多种不同的语言都能有效地满足相应要求，可以有效地兼容 C++、Python 等语言。由于其开源的特性，及社区较为活跃，有大量的人员为其维护，使得其内容算法库更新较为及时，在很多工业和研究领域都有大量的应用。

Sherlock 工业视觉软件，其直观的界面和图形化的配置工具，能够使得用户轻松配置，使得视觉系统部署较为方便。

Adaptive Vision Studio 也是一款图形化的工业视觉图像处理软件，其内置的函数也较为丰富，分析工具数量较多，在工业视觉系统开发过程中，能够实现快速部署，高效开发。

LabView 也有强大的图像处理和分析能力，再加上该软件能够支持多种硬件设备，开发过程较为直观，在很多商用工业化系统中，特别是仪器仪表方面应用较为广泛。

2.6.2 系统的用户界面设计

实际工业视觉系统构建完成后，需要编写用户界面（UI），完成用户与系统交互，在该软件中，能够方便用户进行参数的设置，采集图像的显示和对应的处理结果。在实际编写过程中，首先要和客户进行有效分析，定制用户界面上可能的功能元素，进而优化设计，提高易用性。

比如设计多个相机的过程中，能够方便调用不同的相机，同时待处理产品的图像能够清晰展示在界面中，图形元素（如按钮、文本框、图表等）也要较为直观，使用户能够轻松理解和操作。工业环境下可能会受到各种不同光照或者现场的影响，也要确保界面清晰可见。如果系统具有可调参数，需为用户提供易于理解的参数配置界面。使用滑块、输入框或下拉菜单等元素，让用户能够轻松设置系统参数。如果系统需要实时监控图像或数据，确保用户界面能够实时显示信息。使用图表、动画或实时图像流等方式提供直观的反馈。

可能在用户界面中需要适当呈现异常出现时的可能原因和相应的处理机制反馈，并在需要安全操作的地方，给予合适的提示。有些涉及用户权限的地方，还需要构建不同人员身份权限，以确保系统的安全。待产品发布后，相应的文档说明也要尽可能详细和全面，有对应的帮助文档和相关功能操作流程，以便进行用户培训，进而让用户能够快速全面地掌握该系统。

•••• 小 结 ••••

总之，工业视觉系统中的每一个组成部分都不是独立的存在，优秀的工业视觉系统一定综合考虑了各个组成部分的合适搭配，在工业摄像机、光源、图像处理软件、机械组成等各个方面进行优化组成，选择既能满足性能要求又可以控制成本的器件，以确保整个系统能够有效地实现特定的视觉任务。

习 题

1. 工业机器视觉的基本组成结构都有哪些?
2. 如何进行光源的选择?
3. 如何进行摄像机的选择?
4. 如何进行机械结构的选择?

第 3 章

平面尺寸检测

平面尺寸检测是计算机视觉领域的一项任务，旨在测量和分析平面物体的尺寸和几何特征。该技术广泛应用于工业、制造、建筑和自动化等领域，为实现自动化、质量控制和精确测量等任务提供重要支持。

平面尺寸检测的目标是通过分析图像或图形中的平面物体，测量其长度、宽度、直径、角度和其他几何特征。平面尺寸检测的实现通常涉及图像处理、边缘检测、形态学操作、特征提取、几何计算和机器学习等技术和算法。通过结合这些方法技术，平面尺寸检测可以实现快速、准确和非接触式的尺寸测量。

【学习目标】

◎了解工业视觉中平面尺寸检测在各个领域的重要性和应用场景及实现方法。

◎理解如何利用机器视觉实现平面内直线检测、矩形检测、圆或圆弧检测以及畸变修正的基本原理。

◎了解各检测方法的实现方法与步骤。

◎了解并学会分析各种实际问题的检测技术方法的选择，能够从案例中获取运用机器视觉平面尺寸检测技术解决实际问题的经验和技巧。

3.1 直线位置的检测

工业器件的测量过程中，物品的基本形态结构是直线，因此直线位置检测是计算机视觉领域中的重要任务，主要涉及直线的位置和方向。例如，在生产线上，通过检测产品中的直线位置，可以实现自动对齐、定位和测量，从而提高生产效率和质量控制。其次，直线位置检测在导航和自主驾驶领域也发挥着重要作用，通过检测道路或环境中道路的标志线等直线，为实现准确导航和路径规划提供关键技术支持。此外，直线位置检测可以应用于图像校正和畸变修正，以纠正图像中的透视失真或镜头畸变等。直线位置检测在其他领域，比如建筑、工程和测量等领域中，也可以对其结构进行测量，比如墙壁的测量等。

传统的直线位置检测方法通常依赖于灰度检测，通过检测图像中的直线边缘以确定其位置。然而，在工业应用中，需要将直线位置的检测精度提高到亚像素级别。亚像素级别表示一种更为精细的测量技术，超越了传统像素级别的分辨率，用于实现更高精度和分辨率的图像处理和测量，这在工业应用中尤为重要。接下来，让我们通过一个实际的工业应用示例来更具体地理解亚像素级直线位置检测的实现步骤。

该工程示例旨在实现对图像中目标直线的拟合。分别介绍了图像中不存在干扰点和存在干扰点两种情况，如图 3-1 所示，左图展示了无干扰点的情况，右图展示了有干扰点的情况。

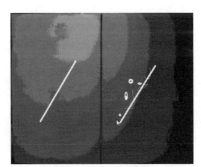

图 3-1　直线拟合图像

3.1.1　无干扰点直线拟合

1. 划定处理区域，做二值化处理

首先确定直线所在的位置及需要处理区域，通过相应参数定义矩形处理区域的四个边界，划定直线所在位置感兴趣的 ROI 区域，进而确定直线所在区域范围。确定处理区域后，对区域内像素进行二值化处理，找到区域内白线并进行标记。具体的区域内二值化处理过程如下：遍历区域内所有的像素点，找出像素点的某通道的值大于某个阈值的点，即为白色的点；确定并记录直线上点所在位置的坐标及数量，同时将找到的白线标记为蓝色，处理结果如图 3-2 所示，本章以 Python

为例，具体代码实现如下。

图3-2 经区域确定、二值化标定直线图像

```
# 标记直线所在区域内的白线为蓝色
for i in range(i1,i2):# i1,i2 表示处理区域横坐标范围
    for j in range(j1-1, j1+1):
        lpdata[j* nWidthbytes +nBits* int(i) // 8:j* nWidthbytes +
        nBits* int(i)//8+3]=[0,0,255]

    for j in range(j2-1,j2+1):
        lpdata[j* nWidthbytes +nBits * int(i)// 8:j* nWidthbytes +
        nBits* int(i)//8+3]=[0,0,255]

for j in range(j1,j2):# j1,j2 表示处理区域纵坐标范围
    for i in range(i1-1,i1+1):
        lpdata[j* nWidthbytes +nBits* int(i) // 8:j* nWidthbytes +
        nBits* int(i)//8+3]=[0,0,255]

    for i in range(i2-1,i2+1):
        lpdata[j * nWidthbytes +nBits * int(i)// 8:j* nWidthbytes +
        nBits * int(i)//8+3]=[0,0,255]

# 标记直线上的点为灰色
for i in range(i1,i2):
    ch[i]=0
for j in range(j1,j2):
    for i in range(i1+2, i2-2):
        if img[i][j]>kp:
            ix[n]=i
```

```
iy[n]=j
n+=1
lpdata[j* nWidthbytes+nBits* int(i)// 8:j* nWidthbytes+
nBits* int(i)//8+3]=[128,128,128]
```

2. 最小二乘法确定直线方程

为使用观测数据拟合直线参数，最小二乘法是一种数学中的优化技术，其核心思想是通过对现有数据进行分析，找到能够最大程度减小实际值与预测值之间差距的一组估计值。其目的是基于已知数据的模式和规律来预测未知数据，以使模型对数据的拟合更加准确，在实现过程中通过最小化误差平方和来确定最可能的函数方程。其形式如下：

最小化：　　目标函数 = $\sum$（各观测值 – 各估计值）^{2}

其中，观测值为已知的数据样本，估计值为直线函数的拟合值，目标函数也就是机器学习中的损失函数，拟合直线的目标为使得目标函数最小化。当存在 n 个特征样本：$(x_i,y_i)(i=0,1,2,\cdots,n)$，则横坐标 $x_1,x_2,\cdots,x_n$，对应观测值分别为 $y_1,y_2,\cdots,y_n$。假设 $f(x)=ax+b$，则估计值分别为 $f(x_1),f(x_2),\cdots,f(x_n)$。最小二乘法的原理是使得目标函数最小化，表达式如下：

$$\min \epsilon = \sum_{i=1}^{n}(f(x_i)-y_i)^2 = \sum_{i=1}^{n}(ax_i+b-y_i)^2$$

为了使目标函数最小化，确定 a，b 的值。分别对 a、b 求偏导，并使其为 0，得到目标函数 ϵ 的最小值：

$$\frac{\partial \epsilon}{\partial a} = 2\sum_{i=1}^{n}(ax_i+b-y_i)x_i = 0$$

$$\frac{\partial \epsilon}{\partial b} = 2\sum_{i=1}^{n}(ax_i+b-y_i) = 0$$

得到斜率 a 与截距 b 的值，确定拟合直线：

$$f(x)=ax+b$$

最后根据拟合直线方程在图像中进行直线标记，结果如图 3-3 所示。

代码实现如下：

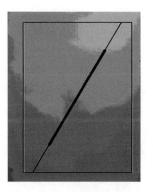

图 3-3　最小二乘法拟合直线

```
# 计算直线拟合所需的中间变量
# sum_iy_squared=0,#sum_iy=0,#sum_ix_iy=0,#sum_ix=0,#n_samples=n

for k in range(n):
    sum_iy_squared+=iy[k]*iy[k]
    sum_iy+=iy[k]
    sum_ix_iy+=ix[k]*iy[k]
    sum_ix+=ix[k]

a22=n_samples
a21=sum_iy
determinant_d0=sum_iy_squared*a22-sum_iy*sum_iy
determinant_d1=sum_ix_iy*a22-sum_ix*sum_iy
determinant_d2=sum_iy_squared*sum_ix-sum_iy*sum_ix_iy

# 计算直线方程的斜率和截距
slope_a=float(determinant_d1)/float(determinant_d0)
if determinant_d0!=0
else 0
intercept_b=float(determinant_d2)/float(determinant_d0)
if determinant_d0!=0
else 0

# 根据拟合的直线方程标记图像中的像素点
for j in range(j1,j2):
    estimated_i=slope_a*float(j)+float(intercept_b)

    for i in range(int(estimated_i),int(estimated_i)+1):
        if 0<i<image_width and 0<j<image_height:
            # 设置像素点颜色为黑色
            lpdata[j*bytes_per_row+bits_per_pixel*i//8:j*bytes_per_row+bits_per_pixel*i//8+3]=[0,0,0]
```

3.1.2 有干扰点直线拟合

1. 划定区域并进行二值化处理

确定待处理图像 ROI 区域,并对区域内像素点进行二值化处理,处理结果如图 3-4 所示。

图 3-4 经区域确定、二值化标定直线图像

代码实现如下：

```
# 定义边框范围
# left_bound=预先设定的值
# right_bound=预先设定的值
# top_bound=预先设定的值
# bottom_bound=预先设定的值

# 画边框
for i in range(left_bound,right_bound):
    # 上下边框
    for j in range(top_bound-1,top_bound+1):
        lpdata[j* nWidthbytes + nBits* i// 8:j* nWidthbytes+nBits*
        i// 8+3]=[0,0,255]

    for j in range(bottom_bound-1, bottom_bound+1):
        lpdata[j* nWidthbytes+nBits* i// 8:j* nWidthbytes+nBits*
        i//8+3]=[0,0,255]

    # 左右边框
    for j in range(top_bound,bottom_bound):
        for i_edge in range(left_bound-1, left_bound+1):
            lpdata[j* nWidthbytes+nBits* i_edge// 8:j* nWidthbytes+
            nBits* i_edge //8+3]=[0,0,255]

        for i_edge in range(right_bound-1, right_bound+1):
            lpdata[j* nWidthbytes+nBits* i_edge// 8:j* nWidthbytes+
            nBits* i_edge //8+3]=[0,0,255]
```

```
#标记超过阈值的像素
# index_i=0,index_j=0,num_points=0,threshold=250

for i in range(left_bound,right_bound):
    ch[i]=0

for j in range(top_bound,bottom_bound):
    for i in range(left_bound+2,right_bound-2):
        if img[i][j]>threshold:
            ix[num_points]=i
            iy[num_points]=j
            num_points+=1
            lpdata[j* nWidthbytes + nBits* i// 8:j* nWidthbytes +
            nBits* i //8+3]=[128,128,128]
```

2. 若直接使用最小二乘法

当拟合直线区域范围内存在干扰点并直接使用最小二乘法进行直线拟合时,不能够很好地拟合出目标直线结果。最小二乘法拟合直线受干扰点的影响较大,这是由于最小二乘法的原理就是使图像上所有的点到直线的距离最小,因此为了能够拟合出目标直线,需要进行去干扰点处理,以消除非直线点对直线拟合的干扰,图 3-5 展示了在干扰点存在情况下直接使用最小二乘法拟合直线的结果。

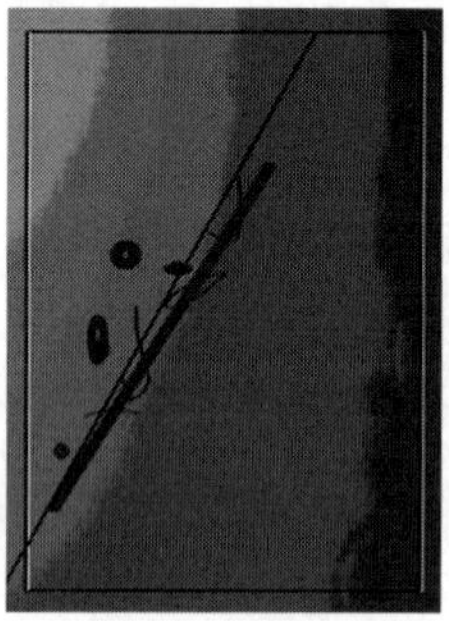

图 3-5　最小二乘法拟合直线

3. 去除干扰点的影响

上述结果展示了直接使用最小二乘法进行直线拟合的结果存在较大偏差,因此如何去除干扰点成为直线拟合过程中的关键,如何实现干扰点去除,可通过从已知直线上的像素中去除离直线较远的像素点实现,该方法有助于去除噪声或不相关的像素,这种方法的核心思想是通过筛选数据点去除离拟合直线较远的像素点,以减少干扰和噪声的影响,这有助于使拟合结果更加准确。剔除点用黑色表示,处理结果如图 3-6 所示。具体办法如下:

图 3-6　去除干扰点

（1）以这条带干扰点拟合出来的直线为基准线，算出每个点到基准线的距离，距离公式为点到直线的距离公式：

$$\frac{Ax_0+By_0+C}{\sqrt{A^2+B^2}}$$

（2）去除远离基准线的坐标点超过 20 个像素的点，其余的保留下来，并且将去除的点画黑色。

代码实现如下：

```
# 初始化计数器和标志位
num_valid_points=0
num_outliers=0

# 去除干扰点
for point_index in range(num_points):
    # 计算当前点到直线的距离
    distance = abs(coordinates_x[point_index]-slope*coordinates_y[point_index]-intercept)/((1+slope**2)**0.5)

    # 判断是否为干扰点
    if distance<20:
        # 将有效的点保存下来
        coordinates_x[num_valid_points]=coordinates_x[point_index]
        coordinates_y[num_valid_points]=coordinates_y[point_index]
        num_valid_points+=1
    else:
        # 标记干扰点,并将其置为黑色
        outlier_x=coordinates_x[point_index]
        outlier_y=coordinates_y[point_index]
        for j in range(outlier_y-1, outlier_y+1):
            for i in range(outlier_x-1, outlier_x+1):
                if 0<i<image_width and 0<j<image_height:
                    lpdata[j*nWidthbytes + nBits * i //8:j*nWidthbytes+nBits* i //8+3]=[0,0,0]
                    num_outliers+=1
```

4. 重新拟合

将去除掉干扰点后的观测数据重新使用最小二乘法公式计算，得到新的拟合方程并用白色的线画出，以便在图像中更精确地标识直线的位置，处理结果如图 3-7 所示。

图 3-7 去干扰点后拟合直线

3.2 矩形检测

矩形检测在许多应用中都具有重要作用。一些常见的应用场景包括文档处理、车牌识别、目标跟踪、工业自动化等。例如，在文档处理中，矩形检测可以用来检测页面上的文本区域或表格边界，以进行后续的文字识别或数据提取。在车牌识别中，矩形检测可用于定位车牌区域，以便进行车牌字符识别。因此，矩形检测是许多计算机视觉任务的关键步骤之一。本文以图 3-8 为例进行图像内矩形检测方法的介绍。

借助工业视觉领域中的直线拟合算法进行矩形检测，其流程为通过直线拟合算法检测矩形四条直线，通过拟合矩形四条边定位矩形几何特征，具体实现过程如下：

（1）划定检测区域。确定在图像中进行矩形检测的区域。该区域的选择通常基于应用场景和图像内容，目的是缩小检测范围，提高检测效率，处理结果如图 3-9 所示。

图 3-8 待检测矩形图像

图 3-9 划定待检测矩形区域

(2)二值化处理。对所选区域的图像进行二值化处理,将图像转换为黑白两色。这一步骤的关键是设定适当的阈值,该阈值决定了图像中哪些部分被认为是矩形边缘。适当选择阈值是确保后续处理步骤有效的关键。

(3)拟合四条边。利用直线拟合算法,例如,用上述工业视觉直线拟合算法对二值化后图像中的边缘进行拟合。这一步的目标是找到四条直线的数学模型,以最好地逼近实际的边缘。通过该直线拟合过程,得到的四条直线的数学模型能够更精确地描述实际图像中矩形的边缘。这些数学模型的参数将在后续的步骤中用于确定矩形的位置和形状,直线拟合结果如图 3-10 所示。

(4)利用四边直线确定矩形四个端点。通过找到拟合直线的交点,确定矩形的四个端点。这四个交点分别对应于矩形的四个角落,由此得到了矩形的位置和形状信息,四端点确定结果如图 3-11 所示。

图 3-10　四边拟合

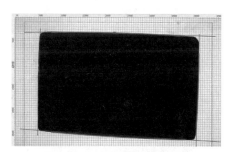
图 3-11　确定矩形端点

●●●● 3.3　圆或圆弧的检测 ●●●●

在工业视觉和计算机视觉应用中,检测和测量圆或圆弧的准确性和效率对于产品质量控制、自动化生产以及机器人导航等方面至关重要。圆或圆弧通常出现在各种工业场景中,例如,检测零部件的直径、轮胎的磨损、机械零件的孔洞等。然而,对圆或圆弧进行准确的检测和测量在视觉系统中并不是一项简单的任务,因为它们的几何形状和位置可能会受到噪声、遮挡和图像畸变等因素的影响。在本章中将介绍圆和圆弧的两种检测方法。

3.3.1 平面像素圆检测算法

该检测算法利用平面图像内的像素分布特点通过对平面内圆心定位及半径长度确定实现平面圆的检测，算法实现步骤如下：

1. 圆心定位

通过遍历图像的行和列，寻找可能的圆心位置。首先，在每列上找到低于阈值的像素，记录其行索引为 i_{01}；然后，在相同的列上，从底部向上找到低于阈值的像素，记录其行索引为 i_{02}。这样，根据 i_{01} 和 i_{02} 计算候选圆心的行索引 i_0。同理遍历每行像素，确定其圆心的列索引 j_0，将候选行列坐标存储到数组中。代码实现如下：

```python
# 计算初始圆心的位置
initial_i_center=(i_start+i_end)//2
initial_j_center=(j_start+j_end)//2
threshold=120
num_points=0

# 初始化 list,用于记录圆心可能出现的次数
center_histogram=[0]* len(range(j_start,j_end))

# 遍历图像的每一行
for i in range(i_start,i_end):
    j_upper=0
    j_lower=0

    # 在当前行中找到低于阈值的像素的列索引,从上往下找
    for j in range(j_start,initial_j_center):
        if image[i][j]<threshold:
            j_upper=j
            break

    # 在当前行中找到低于阈值的像素的列索引,从下往上找
    for j in range(j_end,initial_j_center,-1):
        if image[i][j]<threshold:
            j_lower=j
            break

    # 如果找到了低于阈值的像素
```

```python
    if j_upper>0 and j_lower>0:
        # 计算圆心的列索引
        initial_j_center=(j_upper+j_lower) //2
        
        # 更新圆心可能出现的次数,并存储候选圆心的行列坐标
        center_histogram[initial_j_center]+=1
        ix[num_points]=i
        iy[num_points]=j_upper
        iyy[num_points]=initial_j_center
        num_points+=1

# 遍历图像的每一列
for j in range(j_start,j_end):
    i_left=0
    i_right=0
    
    # 在当前列中找到低于阈值的像素的行索引,从左往右找
    for i in range(i_start,initial_i_center):
        if image[i][j]<threshold:
            i_left=i
            break
    
    # 在当前列中找到低于阈值的像素的行索引,从右往左找
    for i in range(i_end,initial_i_center,-1):
        if image[i][j]<threshold:
            i_right=i
            break
    
    # 如果找到了低于阈值的像素
    if i_left>0 and i_right>0:
        # 计算圆心的行索引
        initial_i_center=(i_left+i_right) //2
        
        # 更新圆心可能出现的次数,并存储候选圆心的行列坐标
        center_histogram[j]+=1
        ix[num_points]=i_left
        iy[num_points]=j
        ixx[num_points]=initial_i_center
        num_points+=1
```

2. 主要圆心选择

统计各个可能的圆心位置 i_0 的频率,然后选取频率最高的位置作为主要圆心的行坐标,统计各个可能的圆心位置 j_0 的频率,然后选取频率最高的位置作为主要圆心的列坐标。代码实现如下:

```
# 主要圆心选择:统计行坐标频率
max_frequency_row=0
for j_index in range(j_start,j_end):
    if center_histogram[j_index]>max_frequency_row:
        max_frequency_row=center_histogram[j_index]
        primary_i_center=j_index
```

3. 平均位置修正

通过计算与主要圆心位置相差不超过阈值的候选圆心位置的平均位置,对主要圆心位置进行修正。这有助于进一步提高圆心的准确性。代码实现如下:

```
# 平均位置修正
sum_i_positions=0
num_valid_positions=0

# 计算与主要圆心位置相差不超过阈值的候选圆心位置的平均位置
for i_index in range(num_points):
    if abs(candidate_j_centers[i_index]-primary_j_center)<5:
        sum_i_positions+=candidate_j_centers[i_index]
        num_valid_positions+=1

if num_valid_positions>0:
    corrected_j_center=sum_i_positions/num_valid_positions

# 对主要圆心位置进行修正
for i in range(i_start,i_end):
    for j in range(primary_j_center-5,primary_j_center+5):
        if 0<i<image_width and 0<j<image_height:
            lpdata[j* nWidthbytes+nBits* (i//8):j* nWidthbytes+
            nBits* (i//8)+3]=[0,0,0]
```

4. 圆心标记

在图像上用标记的方式表示圆心位置,将圆心所在的列区域标记为黑色。

5. 半径求解

求解与指定圆心 (i_0, j_0) 最匹配的半径 r_0,通过遍历存储圆的边缘点与指定圆心 (i_0, j_0) 的距离 r,并将该距离的整数部分作为索引,在统计数组中相应的索引位置处记录对应点的数量,以统计不同距离的点的分布情况。接下来根据统计数据,找到最大点数及对应的半径,该过程通过遍历统计数组,找到具有最大值的索引 i,将该索引作为半径 r_0。这表示在给定的点集中,与该半径对应的圆心 (i_0, j_0) 的点数最多。之后进行最佳半径匹配点的匹配,具体实现为通过遍历边缘点点集 (i_x, i_y) 中的每个点。对于每个点 (x_1, y_1),重新计算它与指定圆心 (i_0, j_0) 的距离 r。如果该距离与最佳半径 r_0 的差的绝对值小于设定阈值,如5个像素点,则将该距离累加到 ss 中,同时增加计数器 nn。最终进行平均半径计算,若计数器 nn 大于0,则计算平均半径 $r_0 = \dfrac{ss}{nn}$。代码实现如下:

```
import math
# 初始化存储距离的数组
distance_counts=[0]* (image_height//2)

# 统计每个边缘点到指定圆心的距离,存储在数组 distance_counts 中
for point_index in range(num_points):
    x1=edge_points_x[point_index]
    y1=edge_points_y[point_index]
    distance = math.sqrt((center_i-x1)**2+(center_j-y1)**2)
    distance_counts[int(distance)]+=1

# 寻找最大点数及对应的半径
max_count=0
best_radius=0
for i in range(len(distance_counts)):
    if distance_counts[i]>max_count:
        max_count=distance_counts[i]
        best_radius=i

# 寻找最佳半径匹配点并计算平均半径
sum_radius=0
count_for_mean=0
threshold=5
```

```
for point_index in range(num_points):
    x1=edge_points_x[point_index]
    y1=edge_points_y[point_index]
    distance=math.sqrt((center_i-x1)**2+(center_j-y1)**2)

    if abs(distance-best_radius)<threshold:
        sum_radius+=distance
        count_for_mean+=1

if count_for_mean>0:
    best_radius=sum_radius/count_for_mean
```

通过上述步骤实现圆心定位及待检测半径长度确定，从而实现平面圆检测，检测结果如图3-12所示。

图3-12 待检测圆图像、圆心定位及半径结果

3.3.2 三定点平面圆检测法

三定点平面圆检测法是一种基于几何原理的检测。

1. 三定点平面圆原理及公式推导

三定点平面圆检测法是一种基于几何原理的检测方法，该方法通过在平面内选择三个已知点，来判断是否存在一个圆或圆弧，并计算出其圆心和半径。其核心思想源自圆的几何性质，借助于三点共线性和三角形外接圆的关联等几何关系，进一步推导得出圆心和半径的计算公式。

（1）原理：任何三个不共线的点都唯一地确定一个圆；三个点共线的情况下，无法确定唯一的圆。

（2）步骤及公式推导。假设存在三个已知的点，分别为点 A (x_1, y_1)，点 B (x_2, y_2)，点 C (x_3, y_3)，并设圆心 Q 坐标为 (x_0, y_0)，半径为 r。

① 构建方程系统。

三点到圆心距离相等

$$\begin{cases}(x_1-x_0)^2+(y_1-y_0)^2=r^2\\(x_2-x_0)^2+(y_2-y_0)^2=r^2\\(x_3-x_0)^2+(y_3-y_0)^2=r^2\end{cases}$$

上述方程可化简为 $ax+by=c$ 的形式，其中 a、b、c 均为常数。具体为：

$$(x_1-x_2)x_0+(y_1-y_2)y_0=\frac{(x_1^2-x_2^2)-(y_2^2-y_1^2)}{2}$$

$$(x_1-x_3)x_0+(y_1-y_3)y_0=\frac{(x_1^2-x_3^2)-(y_3^2-y_1^2)}{2}$$

② 使用克莱姆法则解关于 x_0，y_0 的线性方程组。

$$|A|=\begin{vmatrix}(x_1-x_2)&(y_1-y_2)\\(x_1-x_3)&(y_1-y_3)\end{vmatrix}$$

$$|A_1|=\begin{vmatrix}\dfrac{(x_1^2-x_2^2)-(y_2^2-y_1^2)}{2}&(y_1-y_2)\\\dfrac{(x_1^2-x_3^2)-(y_3^2-y_1^2)}{2}&(y_1-y_3)\end{vmatrix}$$

$$|A_2|=\begin{vmatrix}(x_1-x_2)&\dfrac{(x_1^2-x_2^2)-(y_2^2-y_1^2)}{2}\\(x_1-x_3)&\dfrac{(x_1^2-x_3^2)-(y_3^2-y_1^2)}{2}\end{vmatrix}$$

$$x_0=\frac{|A_1|}{|A|},\quad y_0=\frac{|A_2|}{|A|}$$

令

$$p=x_1-x_2;\quad q=y_1-y_2;\quad v=x_1-x_3;\quad w=y_1-y_3;$$

$$e=\frac{(x_1^2-x_2^2)-(y_2^2-y_1^2)}{2};\quad f=\frac{(x_1^2-x_3^2)-(y_3^2-y_1^2)}{2}$$

则

$$x_0=\frac{ew-qf}{pw-qv},\quad y_0=\frac{pf-ev}{pw-qv}$$

③ 计算圆半径。三点确定圆心位置后通过计算 (x_0, y_0) 与任意点 A (x_1, y_1)、B (x_2, y_2)、C (x_3, y_3) 间距离即可得到圆的半径 r。例如：

$$r = \sqrt{(x_1 - x_0)^2 + (y_1 - y_0)^2}$$

2. 三定点平面圆检测法步骤

遍历图像，得到圆边缘轮廓。具体实现过程为遍历图中不同角度和半径的组合，通过位置条件筛选以及像素值判断，确定圆的边缘点，即在位置满足预设区域范围，同时像素值满足预设的阈值条件，即判断该点为圆的边缘点将其存储，并将该区域设置为黑色。

代码实现如下：

```
# 遍历图像以确定圆的边缘点并将相应区域设置为黑色
for angle_degrees in range(3600):
    for r in range(radius,100,-1):
        i=int(r* math.cos(angle_degrees* pi))+i0
        j=int(r* math.sin(angle_degrees* pi))+j0
        # 确认位置在指定区域内
        if center_x>i>i0 and center_y<j<j0:
            # 判断像素值满足阈值条件
            if img[i][j]<threshold_value:
                edge_points_x.append(i)
                edge_points_y.append(j)
                num_edge_points+=1

                # 将该区域设置为黑色
                for ii in range(i-10,i+11):
                    for jj in range(j-10,j+11):
                        if 0<ii<image_width and 0<jj<image_height:
                            lpdata[jj * nWidthbytes + nBits * (ii //
                            8):jj * nWidthbytes + nBits* (ii//8)+3]=
                            [0,0,0]
                break
```

在确定的圆边缘以 120°为间隔取三点，作为三定点平面圆检测法中的已知条件，利用三定点圆推导公式确定圆心与半径。

代码实现如下：

```
import math
# 存储计算得到的半径
rrr0=[]
for af in range(n//3):
    x1=xx[af]
    y1=yy[af]
    x2=xx[af+n//3]
    y2=yy[af+n//3]
    x3=xx[af+2* n//3]
    y3=yy[af+2* n//3]
    
    a11=2* (x1-x2)
    a12=2* (y1-y2)
    a21=2* (x1-x3)
    a22=2* (y1-y3)
    b1=x1* x1-x2* x2+y1* y1-y2* y2
    b2=x1* x1-x3* x3+y1* y1-y3* y3
    d0=a11* a22-a12* a21
    d1=b1* a22-b2* a12
    d2=a11* b2-a21* b1
    
    x0=float(d1)/float(d0)
    y0=float(d2)/float(d0)
    r0=math.sqrt((x1-x0)* (x1-x0)+(y1-y0)* (y1-y0))
    
    rrr0.append(r0)
```

对获取的圆心坐标进行处理,进行圆心定位,计算出这些潜在圆心在图像上的平均 x 坐标和 y 坐标,从而提高潜在圆心在图像上的定位精度。具体实现过程首先利用统计数组寻找坐标空间中坐标出现频次,寻找出出现频率最高的横坐标 i 以及纵坐标 j,在潜在圆心横坐标中寻找与 i 差值小于 2 的横坐标值,在潜在圆心纵坐标中寻找与 j 差值小于 2 的纵坐标值,并求取均值获得 (x_0, y_0),作为目标圆心。最后进行标记绘制,在圆心 (x_0, y_0) 的周围,以 r_0 为半径绘制一个圆环,将该区域内的像素值设置为 128,用于在图像上进行标记。

代码实现如下:

```python
import math

# 统计横坐标频率,找到可能的圆心横坐标
x_axis_freq=[0]*image_width
for val in potential_centers_x:
    x_axis_freq[int(val)]+=1

max_val_x=0
for i in range(image_width):
    if x_axis_freq[i]>max_val_x:
        max_val_x=x_axis_freq[i]
        i0_x=i

# 寻找横坐标最可能的圆心
nn_x=0
ss_x=0
for val in potential_centers_x:
    if abs(val-i0_x)<2:
        ss_x+=val
        nn_x+=1

if nn_x>0:
    x0=ss_x/nn_x

# 统计纵坐标频率,找到可能的圆心纵坐标
y_axis_freq=[0]*image_height
for val in potential_centers_y:
    y_axis_freq[int(val)]+=1

max_val_y=0
for i in range(image_height):
    if y_axis_freq[i]>max_val_y:
        max_val_y=y_axis_freq[i]
        i0_y=i

# 寻找纵坐标最可能的圆心
nn_y=0
ss_y=0
```

```
for val in potential_centers_y:
    if abs(val-i0_y)<2:
        ss_y+=val
        nn_y+=1

if nn_y>0:
    y0=ss_y/nn_y
```

3.4 畸变修正

在机器视觉中，畸变是指图像在捕捉或传输过程中出现的变形或失真。这些畸变可能由摄像头镜头形状、视角、镜头的折射、镜头组件之间的光路长度、透镜形状等因素引起。畸变修正是一项重要的任务，旨在对图像中的畸变进行校正，使图像更符合真实场景。

基于标定板的畸变修正是机器视觉中一种常用的畸变矫正方法，它通过使用已知三维空间中特定位置的标定板，来计算相机的畸变参数，并利用这些参数对图像进行畸变修正。接下来具体介绍基于标定板的畸变修正步骤，以钢轨断面检测项目为例。

3.4.1 相机标定

在已知的三维空间中，为了检测畸变位置，通常会摆放一个特定的标定板，常用的标定板包括棋盘格或圆点阵列标定板。通过相机拍摄标定板的多张图像，确保标定板在不同角度和位置下都能被拍摄到，以获取全面而准确的标定信息。

以钢轨断面检测为例，在断面位置使用线激光进行标定，随后将标定板放置在激光照射处，利用摄像头分别拍摄钢轨断面左右两侧（见图3-13）以及标定板左右两侧的图像（见图3-14）。通过这一系列图像，可以获取断面处标定板的信息，即畸变标定板的特征。随后，利用畸变标定板的位置信息，实现对断面中的畸变物体进行精确修正，确保获得的图像数据具有准确的几何关系和形状特征。这样的畸变修正实例在工业应用中具有重要意义，能够提高测量和检测的精度，并确保所得结果的可靠性。

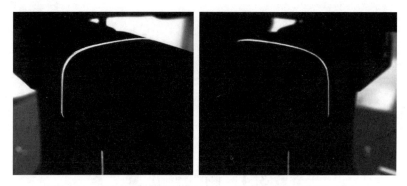

图 3-13 钢轨断面左拍摄图（左）、钢轨断面右拍摄图（右）

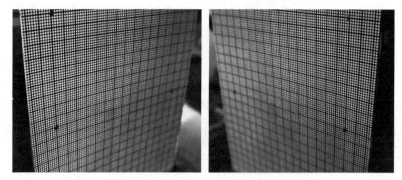

图 3-14 标定板左拍摄图（左）、标定板右拍摄图（右）

3.4.2 角点检测与匹配

标定板三点识别：在每张标定板图像上进行标定点检测的过程中首先要识别标定板上三个角点的坐标，标定结果如图 3-15 左图所示，在后续的畸变修正过程中会利用这三个点的信息对标定板上所有坐标点进行检测和记录。

利用三点信息对标定板上所有坐标点进行检测并记录。具体实现为，利用已知的几何关系如平行四边形特性，通过角度与距离的关系在三点基础上识别并标识出标定板上所有的坐标信息并为每个坐标点的附近区域绘制绿色方框进行显示，如图 3-15 右图所示。

图 3-15　标定板三定点（左）、标定板自动识别标定位置（右）

在工程实现过程中，首先根据斜对角两点计算矩形长宽，并以某标定点为基础，在已知的标定点上创建一个与标定点像素大小相等的局部窗口，然后通过计算局部窗口内的像素值之和，通过最小局部窗口像素和寻找一个合适的未知点位置作为新的标定点。这个过程在整个标定板上的所有坐标点进行迭代，确保所有点的位置都被准确检测和记录。为了直观展示检测到的标定点，程序会在每个点的附近绘制绿色方框，使其在图像上清晰可见。

代码实现如下：

```python
for row_index in range(rows):
    if row_index==0:
        for col_index in range(cols):
            top_left_x=corners_x[row_index][col_index+1]
            top_left_y=corners_y[row_index+1][col_index]
            dx=corners_x[row_index][col_index+1] -
                corners_x[row_index][col_index]
            dy=corners_y[row_index+1][col_index]-
                corners_y[row_index][col_index]
            left_x1=top_left_x-dx//3
            left_x2=top_left_x+dx//3
            top_y1=top_left_y-dy//3
            top_y2=top_left_y+dy//3
            min_val=9999999
            for i in range(left_x1,left_x2):
                for j in range(top_y1,top_y2):
                    s=0
                    for ii in range(i-15,i+15):
```

```
                    for jj in range(j-15,j+15):
                        if 0<ii<width and 0<jj<height:
                            s+=image[ii][jj]
                if s<min_val:
                    min_val=s
                    corners_x[row_index+1][col_index+1]=i
                    corners_y[row_index+1][col_index+1]=j
top_left_x=corners_x[row_index+1][col_index+1]
top_left_y=corners_y[row_index+1][col_index+1]
for i in range(corners_x[row_index+1][col_index+1]-
5,corners_x[row_index+1][col_index+1]+5):
    for j in range(corners_y[row_index+1][col_index+1]-
        5,corners_y[row_index+1][col_index+1]+5):
        if 0<i<width and 0<j<height:
            img_data[j* bytes_per_width +bits_per_pixel* i//8:j*
            bytes_per_width+bits_per_pixel* i//8+3]=[0,255,0]
dx=corners_x[row_index][col_index+1]-
corners_x[row_index][col_index]
dy=corners_y[row_index+1][col_index+1]-
corners_y[row_index][col_index+1]
top_left_x=corners_x[row_index][col_index+1]+dx
top_left_y=corners_y[row_index][col_index+1]
left_x1=top_left_x-dx//3
left_x2=top_left_x+dx//3
top_y1=top_left_y-dy//3
top_y2=top_left_y+dy//3
min_val=9999999
for i in range(left_x1,left_x2):
    for j in range(top_y1,top_y2):
        s=0
        for ii in range(i-15,i+15):
            for jj in range(j-15,j+15):
                s=s+image[ii][jj]
        if s<min_val:
            min_val=s
            corners_x[row_index][col_index+2]=i
            corners_y[row_index][col_index+2]=j
for i in range(corners_x[row_index][col_index+2]-
    5,corners_x[row_index][col_index+2]+5):
```

```python
                for j in range(corners_y[row_index][col_index+2]-
                    5,corners_y[row_index][col_index+2]+5):
                    if 0<i<width and 0<j<height:
                        img_data[j* bytes_per_width+bits_per_pixel*
i//8:j* bytes_per_width + bits_per_pixel * i // 3]=[0,255,0]
        else:
            for col_index in range(cols):
                dx=corners_x[row_index][col_index+1]-
                    corners_x[row_index][col_index]
                dy=corners_y[row_index][col_index]-
                    corners_y[row_index-1][col_index]
                top_left_x=corners_x[row_index][col_index]
                top_left_y=corners_y[row_index][col_index]+dy
                left_x1=top_left_x-dx//3
                left_x2=top_left_x+dx//3
                top_y1=top_left_y-dy//3
                top_y2=top_left_y+dy//3
                if top_y2>height:
                    top_y2=height-20
                for i in range(left_x1,left_x2):
                    for j in range(top_y1,top_y2):
                        img_data[j* bytes_per_width+bits_per_pixel* i //8:
                            j * bytes_per_width + bits_per_pixel * i //
                            3] = [0,255,255]
                min_val=9999999
                for i in range(left_x1,left_x2):
                    for j in range(top_y1,top_y2):
                        s=0
                        for ii in range(i-15,i+15):
                            for jj in range(j-15,j+15):
                                if 0<ii<width and 0<jj<height:
                                    s=s+image[ii][jj]
                        if s<min_val:
                            min_val=s
                            corners_x[row_index+1][col_index]=i
                            corners_y[row_index+1][col_index]=j
                top_left_x=corners_x[row_index+1][col_index]
                top_left_y=corners_y[row_index+1][col_index]
```

3.4.3 畸变校正

对于待校正的图像，通过畸变模型将图像中的每个点进行畸变矫正，得到矫正后的坐标。

"四点扦值"是一种插值方法，通常用于根据已知的离散点数据，估计在其他位置的数据值。"四点扦值"的过程用于确定待校正图像中的某个点所对应的标定板上的位置，从而进行图像畸变的校正。具体过程如下：

（1）获取待校正点坐标：首先，根据待校正图像中的一个点的 x 和 y 坐标（即 a_x 和 a_y），找到它在标定板坐标系中所在的四边形区域。

（2）找到对应的标定板角点：在标定板的坐标系中，四个角点的坐标分别为 k_{x1}，k_{x2}，k_{x3}，k_{x4} 以及 k_{y1}，k_{y2}，k_{y3}，k_{y4}。这些角点组成了标定板上的四个角，形成了四个相邻的矩形区域。

（3）判断待校正点在哪个区域：通过比较待校正点的坐标与每个区域的角点坐标，确定待校正点在哪个矩形区域内。

（4）进行线性插值：一旦确定了待校正点在哪个矩形区域内，可以使用线性插值来计算待校正点在标定板上的位置。这涉及计算待校正点在横向和纵向上的插值系数，然后根据插值系数计算出校正后的标定板坐标。

（5）应用校正映射：计算得到的校正后的标定板坐标（即 xxf 和 yyf）表示待校正点在标定板上的位置。这个校正后的坐标用于后续的操作，例如，生成校正后的图像。

代码实现如下：

```
for point_idx in range(nn):
    ax=xx[point_idx]
    ay=yy[point_idx]
    ip=0

    #查找对应的标定板位置
    for x_idx in range(xxd):
        for y_idx in range(yyd):
            kx1=bdxx[y_idx][x_idx]
            kx2=bdxx[y_idx][x_idx+1]
            kx3=bdxx[y_idx+1][x_idx]
```

```
                kx4=bdxx[y_idx+1][x_idx+1]
                ky1=bdyy[y_idx][x_idx]
                ky2=bdyy[y_idx][x_idx+1]
                ky3=bdyy[y_idx+1][x_idx]
                ky4=bdyy[y_idx+1][x_idx+1]

                if ax>=kx1 and ax<kx2 and ay>=ky1 and ay<ky3:
                    ki=y_idx
                    kj=x_idx
                    ip=1
                    break
            if ip==1:
                break

#进行畸变矫正
if 0<=ki<yyd and 0<=kj<xxd:
    x11=bdxx[ki][kj]
    y11=bdyy[ki][kj]
    x12=bdxx[ki][kj+1]
    y12=bdyy[ki][kj+1]
    x13=bdxx[ki+1][kj]
    y13=bdyy[ki+1][kj]
    x14=bdxx[ki+1][kj+1]
    y14=bdyy[ki+1][kj+1]

    a1=float(x11-x13)/float(y11-y13)
    b1=float(ax)-a1*float(ay)
    a2=float(y11-y12)/float(x11-x12)
    b2=float(y11)-a2*float(x11)

    xx00=float(a1*b2+b1)/float(1.0-a1*a2)
    xxf=kj*board_dimension+float(xx00-x11) /
        float(x12-x11)*board_dimension
    xxq[nnn]=xxf*50.0

    b1=x11-a1*y11
    b2=ay-a2*ax
    yy00=float(b1*a2+b2)/float(1.0-a1*a2)
    yyf=ki*board_dimension+float(yy00-y11) /
    float(y13-y11)*board_dimension
    yyq[nnn]=yyf*50.0
```

3.4.4 重投影

将矫正后的图像坐标重新投影到二维平面上，得到矫正后的图像如图 3-16 所示。

图 3-16 左断面修正图（左）、右断面修正图（右）

●●●●小　　结●●●●

本章详细介绍了在计算机视觉领域中对平面物体尺寸和几何特征进行测量和分析的重要性和方法。分别介绍了直线位置检测、矩形检测、圆或圆弧检测的实现原理与方法步骤，帮助了解工业视觉内图形的检测方法，该章节还介绍了畸变修正的基本原理和常见的修正方法步骤，帮助理解图像中存在的畸变问题，并学习消除或校正这些畸变的方法，以获得更精确的尺寸测量结果。

本章提供了一个全面的平面尺寸检测方法概述，从直线、矩形、圆弧检测到畸变修正，涵盖工业视觉中常用的关键技术和方法。

●●●●习　　题●●●●

1. 工业视觉平面检测问题中，图像直线检测中干扰点的存在对直线检测结果有什么影响？请从原理角度出发解释。

2. 编写一个机器视觉程序，实现对平面图像内矩形的检测。要求程序能够从输入的图像中检测并标记出矩形物体，并输出矩形四点信息。

3. 工业视觉内实现圆的检测除本文介绍的传统像素检测法与三点定圆检测法外还有什么检测方法？并介绍其实现原理与实现步骤。

4. 设计一个机器视觉程序，实现对平面图像内圆的检测，实现圆的定位，输出圆心位置及半径长度，并在图像内进行检测目标的标记。

第 4 章

基于机器视觉的动态检测

基于机器视觉的动态检测是一种利用摄像机或其他传感器捕捉物体运动的技术。广泛应用于多个领域,如智能交通、安防监控、运动分析、轨迹描绘等。本章通过代码与实例相结合的方式实现全章的讲解,主要介绍了基于机器视觉的动态检测的基础常识、基本原理、常用方法、发展趋势和应用案例。为更好地应对视频中的复杂背景、亮度变化、遮挡、模糊等因素,以及实现实时、准确、鲁棒的检测效果筑牢基础。

【学习目标】

◎了解机器视觉动态检测在各个领域的应用价值,及目前常见的基于机器视觉动态检测的技术方法和系统。

◎理解如何利用机器视觉动态检测提取视频中的运动信息,如何设计和实现基于机器视觉动态检测。

◎掌握本章所介绍的几种基于机器视觉动态检测技术方法的原理和步骤,并能够在实践中灵活运用。

◎会分析基于机器视觉动态检测技术方法的优缺点和适用条件,能够从案例中获取运用机器视觉动态检测解决实际问题的经验和技巧。

4.1 振动的振幅与频率的检测

本节由生活中常见的振动现象引出检测振幅频率的重要性,并从代码实现与原理解释角度介绍了工业视觉范围检测振动的经典算法:帧差法、光流法和背景减法。

4.1.1 振动的基本概念

物体发生往复运动，称为振动（vibration）。振动的快慢由频率来描述，频率是指在单位时间内振动周期的数量，通常以赫兹（Hz）为单位。振动有可能是由一个特定频率的部分构成的，就像音叉一样，也有可能是由多个不同频率的部分共同产生的，比如和内燃机的活塞运动相结合。

在实践中，振动信号一般包含多个同时存在的频率，所以单看时间模式不能直接知道有哪些分量和它们对应的频率。

把振动信号拆分成不同频率的部分叫作频率分析，这是振动测量诊断的核心技术。而核心利器则是频谱图——用曲线图把振动的程度和频率联系起来。

在研究机器振动的频率时，可以观察到几个显著的循环频率部分，这些频率部分与机器各个组件的基本运动有直接的联系。所以，借助频率分析有可能找出那些不希望出现的振动来源。

4.1.2 振动的产生

工业领域中的振动通常是由于制造公差、间隙、机器部件之间的滚动和摩擦接触以及旋转和往复构件中的不平衡力的动态效应而发生的。通常微小的不重要的振动可以激发一些其他结构部件的共振频率，并被放大成主要的振动和噪声源。在实际操作中，避免振动是非常困难的。

不过，有些工作又需要利用机械振动。例如，我们在部件给料机、混凝土压实机、超声波清洁槽中故意产生对生产活动有益的振动。振动试验机的作用是向产品和子组件施加一定范围的振动能量，以便检查它们的物理或功能响应和对振动环境的耐受性。

无论是设计利用振动能量的机器，还是制造和维护平稳运行的机械产品，测量和分析振动的能力是一个基本要求，以便准确地描述振动的情况。

4.1.3 振幅的定义和计算

振幅（amplitude）表示物体振动幅度的程度，通常以 A 表示。振幅是标量，只有大小没有方向，它反映了振动的范围和强度。

机械振动中，物体离开平衡位置的最远距离就是振幅，它等于最大位移的绝对值。声振动中，声压和静止压强的最大差值也是振幅，用分贝（dB）来表示。声波的音强由振幅的大小决定。简谐振动中，振幅是一个常数，由初始条件（初位移和初速度）决定。简谐振动的能量和振幅的平方成正比，所以振幅的平方反映了简谐振动的强度。

简谐振动将振幅、周期、相移、垂直位移用函数表达为

$$y = A\sin(Bx+C) + D$$

式中，振幅是 A；周期是 $2\pi/B$；相移是 $-C/B$；垂直位移是 D。

4.1.4 频率的定义和计算

频率（frequency）是物理学中描述某种周期性现象或事件在每秒内发生的次数，在物理学中通常用 f 表示。根据已知信息的不同，计算频率的方法也不同。本文介绍几种比较常见的频率计算方法。

1. 已知波长频率的计算方法

周期波中，传播方向上相位一致的两点间的距离称为波长，它等于最大位移的绝对值。声波中，声压和静止压强的最大差值也是波长，用分贝（dB）来表示。声波的音强由波长的大小决定。简谐波中，波长是一个常数，由初始条件（初位移和初速度）决定。简谐波的能量和波长的平方成正比，所以波长的平方反映了简谐波的强度。已知波长和波速的频率计算公式为

$$f = v/\lambda$$

式中，f 为频率；v 为波速；λ 为波长。

例如，波长为 400 nm 的一段声波在空气中的传播速度为 320 m/s，求这段波的频率。

将波长单位转化为 m。如果已知波长的单位是 nm，你需要将它的单位转化成

m。声波的频率（f）等于声速（v）除以波长（λ）。把波长换算成 m，得到

$$\lambda = 400 \text{ nm} \times (1 \text{ m}/10^9 \text{ nm}) = 4 \times 10^{-7} \text{ m}$$

所以，声波的频率为

$$f = v/\lambda = 320/(4 \times 10^{-7}) \text{ Hz} = 8 \times 10^8 \text{ Hz}。$$

当 v 为光速时，$v=c$，相当于在真空中频率的计算，公式为

$$f = c/\lambda$$

2. 通过时间或周期频率的计算方法

若一组事件或现象按同样的顺序重复出现，则把完成这一组事件或现象的时间或空间间隔称为周期。

频率和完成一次振动所需的时间互为倒数。所以，已知完成一次振动需要的时间，求频率所用的公式为

$$f = 1/T$$

式中，f 为频率；T 为周期或完成一次振动所需的时间。

例如，一道波完成一次振动需要 0.52 s，波的频率为：

$$f = 1/T = 1/0.52 \text{ Hz} = 1.923 \text{ Hz}$$

3. 通过角频率的计算方法

定义角频率是指频率与因数 2π 的乘积。

已知波的角频率，求波的频率的公式为

$$f = \omega/(2\pi)$$

式中，f 为频率；ω 为角频率。在数学中，π 都是一个常数。

例如，一道波以每秒 8.77°的角频率振动，波的频率为

$$f = \omega/(2\pi) = 8.77/(2 \times 3.14) \text{ Hz} = 8.77/6.28 \text{ Hz} = 1.395 \text{ Hz}$$

4.1.5 基于工业视觉振动检测的原理

振动检测的原理主要有以下几种：

1. 基于时域分析

时域是指信号随时间变化的表达形式，横轴是时间，纵轴是信号的强度。时域信号 $x(t)$ 是信号在各个时刻的值的函数。用时间描述物理量的变化是最基本和

最直观的方法。

时域分析是指在时域里对信号进行各种处理,如滤波、放大、统计特征计算、相关性分析等。时域分析可以提高信噪比,分析信号波形在时间上的相似性和关联性,获取反映机械设备运行状态的特征参数,为机械系统的动态分析和故障诊断提供有效信息。

这种方法是通过采集物体在不同时间点的图像,然后计算图像之间的相似度或差异度,以得到物体的位移、速度或加速度等振动参数。这种方法简单直观,但对图像质量和采集频率要求较高,且不能有效地分析复杂的振动信号。

2. 基于频域分析

在频域图中,横轴是频率,纵轴是峰值振幅。整个正弦波在频域图上只是一个柱,柱的位置显示了正弦波的频率;柱的高度显示了正弦波的峰值振幅。频域图仅仅展示出峰值振幅与频率,而不显示振幅随时间的变化。

这种方法是通过对图像进行傅里叶变换或小波变换等频域处理,然后提取图像的频谱特征,以得到物体的振动频率、幅值或相位等振动参数。这种方法可以有效地分析周期性或非周期性的振动信号,但对图像处理算法和硬件设备要求较高,且不能直接反映物体的空间位置变化。

3. 基于时频域分析

这种方法是通过对图像进行短时傅里叶变换或时频分布等时频域处理,然后提取图像的时频特征,以得到物体的振动参数和其随时间的变化规律。这种方法可以同时考虑物体的时间和频率信息,适用于分析非平稳或多尺度的振动信号,但计算量较大,且存在时频分辨率的限制。

4.1.6 基于工业视觉振动检测的方法

目前,在工业视觉范围检测振动主要有帧差法、光流法和背景减法,这些方法也可以相互组合成更有效、更适应实际的方法。如图 4-1 左侧为检测花朵摆动的实况界面,右侧在实况图的基础上同时绘出频谱图。

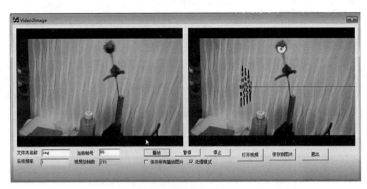

图 4-1　振幅检测界面

1. 帧差法

帧差法也称帧间差分法，是用两幅相邻或相隔几帧的图像像素值相减，然后对相减后的图像进行阈值化，找出图像中的运动区域。通常可以用帧差法来检测目标的振动。

帧差法的原理是：视频中有移动物体时，视频中的移动物体会导致相邻帧（或相隔三帧）的灰度不同，计算两帧图像灰度差的绝对值，就能区分静止的物体（差值为零）和移动的物体（差值非零）。当差值超过一定阈值时，就认为是运动目标，从而实现动态目标的检测。帧差法的优点：算法简单，对光线等场景变化不敏感，适应各种动态环境，鲁棒性强。帧差法的缺点：只能提取出目标的边缘轮廓，不能提取出完整区域。对快速运动的物体，容易产生重影，甚至会检测为两个不同的运动物体，对慢速运动的物体，当物体在两帧中重叠时，则检测不到物体。所以，这种方法一般适合简单的实时运动检测的情况。

如果相减两帧图像的帧数是第 k 帧、第 $k+1$ 帧，其帧图像分别为 $f_k(x, y)$、$f_{k+1}(x, y)$，差分图像二值化阈值是 T，差分图像是 $D(x, y)$，则帧间差分法的公式为

$$D(x, y) = \begin{cases} 1 & |f_{k+1}(x, y) - f_k(x, y)| > T \\ 0 & 其他 \end{cases}$$

代码实现如下：

```
# 初始化当前帧的前帧
lastFrame=None
```

```python
# 遍历视频的每一帧
while camera.isOpened():

    # 读取下一帧
    (ret,frame)=camera.read()
# 如果不能抓取到一帧,说明到了视频的结尾
    if not ret:
        break

# 调整该帧的大小
    frame=cv2.resize(frame,(500,400),interpolation=cv2.INTER_CUBIC)

# 如果第一帧是None,对其进行初始化
    if lastFrame is None:
        lastFrame=frame
        continue

# 计算当前帧和前帧的不同
    frameDelta=cv2.absdiff(lastFrame,frame)

# 当前帧设置为下一帧的前帧
    lastFrame=frame.copy()

# 结果转为灰度图
    thresh=cv2.cvtColor(frameDelta,cv2.COLOR_BGR2GRAY)

# 图像二值化
    thresh=cv2.threshold(thresh,25,255,cv2.THRESH_BINARY)[1]
    '''

# 去除图像噪声,先腐蚀再膨胀(形态学开运算)
    thresh=cv2.erode(thresh,None,iterations=1)
    thresh=cv2.dilate(thresh,None, iterations=2)
    '''

# 阈值图像上的轮廓位置
binary,cnts,hierarchy=cv2.findContours(thresh.copy(),
cv2.RETR_EXTERNAL,cv2.CHAIN_APPROX_SIMPLE)
```

```
# 遍历轮廓
    for c in cnts:
# 忽略小轮廓,排除误差
        if cv2.contourArea(c)<300:
            continue

# 计算轮廓的边界框,在当前帧中画出该框
        (x,y,w,h)=cv2.boundingRect(c)
        cv2.rectangle(frame,(x,y),(x+w,y+h),(0,255,0),2)

# 显示当前帧
    cv2.imshow("frame",frame)
    cv2.imshow("frameDelta",frameDelta)
    cv2.imshow("thresh",thresh)
```

2. 光流法

光流(optical flow)是指图像平面上像素点的瞬时移动速度。它用光流矢量表示像素点的灰度变化率。在空间中,运动可以用运动场描述,而在图像平面上,物体的运动往往是通过图像序列中不同图像灰度分布的不同体现的,所以,空间中的运动场在图像上就表现为光流场(optical flow field)。

光流的产生原因有三种:

(1) 观测场景中的物体移动。

(2) 观测场景中的相机移动。

(3) 观测场景中的物体和相机两者都移动。

当人眼观察运动物体时,物体的图像在视网膜上连续变化,就像一种"流线型"的光,所以叫光流。光流反映图像的变化包含了目标运动的信息,可以帮助观察者判断目标的运动情况。

光流法的原理是通过比较连续两帧的差异来估计运动物体移动的。它是利用图像序列信息中像素在时间上的变化和图像相邻帧之间的相关性来找到前一帧和当前帧之间的对应关系,以便计算出相邻帧之间物体的运动信息的一种方法。

光流法的优点是,它能够准确地找出运动目标的位置,不受场景的信息和摄像机的运动的影响。而且光流不仅包含了运动物体的运动信息,还包含了景物三

维结构的信息,它能够在不了解场景的情况下,检测出运动物体。光流法的缺点是,假设条件在现实情况下都不容易满足。

光流法的适用条件,即两个基本假设:

(1) 亮度保持不变,即同一目标在不同帧间运动时,其亮度不会发生改变。所有光流法变种都必须满足这项基本假定,用于得到光流法基本方程。

(2) 时间连续或运动幅度小,即时间的变化不会引起目标位置的剧烈变化,相邻帧之间位移要比较小。

先选定一个点 P,在理论上,时间 t_0 时刻,经历过 Δt 后,点 P 会移动到另一个位置 P',并且 P' 本身和周围都有着与 P 相似的亮度值。朴素的 LK 光流法是直接用灰度值代替 RGB 作为亮度。

根据上面的描述,对于点 P 而言,在微小时间内的位移变化不会引起灰度值的改变。假设 P 的坐标值是 (x, y),有如下表达:

$$I(x, y, t) = I(x + \Delta x, y + \Delta y, t + \Delta t)$$

式中,$I(x, y, t)$ 为点 P 在时间 t 时刻的亮度值(灰度值)。经过了时间 Δt 以后,点 P 分别向两个轴移动了 Δx、Δy 的距离。

根据泰勒公式可得:

$$I(x, y, t) = I(x, y, t) + \frac{\partial I}{\partial x}\frac{\mathrm{d}x}{\mathrm{d}t} + \frac{\partial I}{\partial y}\frac{\mathrm{d}y}{\mathrm{d}t} + \frac{\partial I}{\partial t}\mathrm{d}t + o(\Delta t)$$

最后一项是佩亚诺余项,可以假定为 0。所以,根据上述公式可以得到:

$$\frac{\partial I}{\partial x}\frac{\mathrm{d}x}{\mathrm{d}t} + \frac{\partial I}{\partial y}\frac{\mathrm{d}y}{\mathrm{d}t} + \frac{\partial I}{\partial t}\mathrm{d}t = 0$$

设定:

$$\frac{\mathrm{d}x}{\mathrm{d}t} = u, \quad \frac{\mathrm{d}y}{\mathrm{d}t} = v$$

$$\frac{\partial I}{\partial x} = I_x, \quad \frac{\partial I}{\partial y} = I_y, \quad \frac{\partial I}{\partial t} = I_t$$

则可以简写成:

$$I_x u + I_y v + I_t = 0$$

上述是核心公式。其中 u 代表 x 方向、v 代表 y 方向的移动速度,I_x、I_y、

I_t 代表亮度在三个轴上的偏导,也就是梯度。先计算 u、v,光流也就算出来了。拿到当前帧,假设要计算点 p 的光流。其中 I_x、I_y 都可以通过当前帧计算出来,而 I_t 可以通过两帧的差分计算出来。所以,对于公式而言,未知数只有 u 和 v。

方程只有一个,而未知量有两个,这种情况下不能求得 u 和 v 的准确值。此时需要引入另外的约束条件,从不同的角度引入约束条件,导致了不同光流场计算方法。

根据理论基础和数学方法的不同,可以把光流计算方法分成五种:基于梯度的方法、基于匹配的方法、基于能量的方法、基于相位的方法和神经动力学方法。

(3) 基于梯度的方法。

基于梯度的方法也称微分法,这种方法是利用时变图像灰度(或经过滤波的图像)的时空微分(即时空梯度函数)来计算像素的速度矢量。

一种全局方法,即对整个图像求解一个平滑的光流场。它的基本思想是在光流约束方程的基础上,引入一个光流平滑项,即假设光流场是平滑变化的,然后用最小二乘法求解一个能量函数的最小值,从而得到光流场。算法的优点是能够得到稠密的光流场,缺点是对噪声敏感,而且对运动边界的处理不好。

一种局部方法,即对图像的每个小区域求解一个恒定的光流向量。它的基本思想是在光流约束方程的基础上,引入一个局部一致性假设,即假设一个小区域内所有像素的运动速度相同,然后用最小二乘法求解一个线性方程组,从而得到光流向量。算法的优点是对噪声和运动边界的处理比较好,缺点是只能得到稀疏的光流向量,而且对大运动不适用。

(4) 基于匹配的方法。

基于匹配的光流计算方法包括基于特征的方法和区域的方法。

①基于特征的方法是根据图像中一些显著的特征点或边缘来计算光流的,它是先提取特征点或边缘,然后在相邻的图像帧中寻找最佳的匹配,从而得到特征点或边缘的运动向量。这种方法对目标的大幅度运动和亮度变化有较强的鲁棒性,而且可以处理非刚性运动。但是这种方法存在的问题是光流通常很稀疏,只能得到特征点或边缘的运动,而不能得到整个图像的运动,而且特征提取和精确匹配也很困难,容易受到噪声和遮挡的影响。

有一种改进的算法在特征提取方面做了一些改进，即用特征点的最小特征值来衡量特征点的质量，从而选择更好的特征点。它的基本思想是在光流约束方程的基础上，引入一个局部一致性假设，即假设一个小区域内所有像素的运动速度相同，然后用最小二乘法求解一个线性方程组，从而得到特征点的运动向量。算法的优点是能够得到稳定的特征点和准确的匹配，缺点是只能得到稀疏的光流向量，而且对大运动不适用。

②基于区域的方法是根据图像中一些相似的区域来计算光流的，它是先对图像进行分割，然后在相邻的图像帧中寻找最佳的匹配，从而得到区域的运动向量。这种方法在视频编码中被广泛应用，因为它可以利用图像的空间冗余来压缩数据。但是这种方法存在的问题是光流仍不够稠密，只能得到区域的运动，而不能得到像素的运动，而且区域的分割和匹配也很困难，容易受到噪声和遮挡的影响。代表性的算法有块匹配算法和分层匹配算法。

块匹配算法是一种简单的基于区域的方法，它是将图像分割成若干个固定大小的块，然后在相邻的图像帧中寻找最佳的匹配，从而得到块的运动向量。它的基本思想是用块的亮度差或相关系数来衡量块的匹配程度，然后用最小化或最大化的方法来求解最佳的匹配。块匹配算法的优点是计算简单，缺点是得到的光流不平滑，而且对噪声和遮挡的处理不好。

分层匹配算法是一种复杂的基于区域的方法，它是将图像分割成若干个不同大小的区域，然后在相邻的图像帧中寻找最佳的匹配，从而得到区域的运动向量。它的基本思想是用多尺度的方法来处理图像的不同细节，从粗到细，从大到小，逐层求解光流。分层匹配算法的优点是能够得到较平滑的光流，而且对大运动和非刚性运动的处理比较好，缺点是计算复杂，而且对噪声和遮挡的处理不好。这两种方法估计亚像素精度的光流也有困难，计算量很大。一般的方法是用插值或迭代的方法来提高光流的精度，但是这样会增加计算的时间和空间开销。

（5）基于能量的方法。

基于能量的方法也称基于频率的方法，它是利用图像的时空频域信息来计算光流的，先对图像进行时空滤波处理，然后用傅里叶变换或小波变换将图像转换到频域，再用一些数学模型来求解光流的频率分量，最后用逆变换得到光流的空间分量。

为了得到均匀、流场、精确的速度估计，这种方法需要对输入的图像做时空滤波处理，也就是把时间和空间结合起来，但这会导致光流的时间和空间分辨率下降，还会产生一些失真和干扰。基于频率的方法通常计算量很大，而且可靠性评价也很难。

另外有一种基于傅里叶变换的光流计算方法，它是先对图像进行时空滤波处理，然后用傅里叶变换将图像转换到频域，再用一个线性模型来求解光流的频率分量，最后用逆变换得到光流的空间分量。它的基本思想是用一个二维的正弦波来拟合图像的时空频率分布，然后用一个线性方程组来求解正弦波的参数，从而得到光流的频率分量。算法的优点是能够得到全局的光流场，缺点是对噪声和非线性运动的处理不好，而且计算复杂。

（6）基于相位的方法。

相位信息是指图像的时空频域中的相位分量，它反映了图像的结构和纹理信息，而不是亮度信息。当我们计算光流的时候，相对于比较亮度信息而言，图像的相位信息更可靠，因为相位信息对噪声和亮度变化的影响较小，所以利用相位信息获得的光流场具有更好的鲁棒性。基于相位的光流算法的优点是：对图像序列的适用范围较广，可以处理多种类型的运动，如平移、旋转、缩放等，而且速度估计比较精确。但也存在一些问题：首先基于相位的模型有一定的合理性，但是比较复杂，花费的时间更多，需要对图像进行时空滤波和频域变换，而且需要用迭代的方法来求解非线性方程。其次基于相位的方法通过两帧图像就可以计算出光流，但如果要提高估计度，就需要用更多的图像帧，而且需要对图像帧进行对齐和插值，这样会增加计算的时间和空间开销。最后基于相位的光流计算法对图像序列的时间混叠是比较敏感的，即如果图像帧之间的运动过大，就会导致相位的突变和不连续。

一种基于小波变换的光流计算方法，它是先对图像进行时空滤波处理，然后用小波变换将图像转换到频域，再用一个非线性模型来求解光流的相位分量，最后用逆变换得到光流的空间分量。它的基本思想是用一个二维的高斯波包来拟合图像的时空频率分布，然后用一个非线性方程组来求解高斯波包的参数，从而得到光流的相位分量。算法的优点是能够处理非线性运动，而且对噪声和遮挡的处理比较好，缺点是计算复杂，而且对运动的大小和方向有一定的限制。

（7）神经动力学方法。

神经动力学方法是用神经网络模拟生物视觉系统的功能和结构，建立视觉运动感知的神经动力学模型。光流计算的神经动力学方法还不够成熟，但研究它很有意义。随着生物视觉研究的深入，神经网络方法会越来越完善，或许神经机制是光流计算和计算机视觉的根本解决方案。神经网络方法是光流技术的一个发展趋势。代码实现如下：

```
# 定义光流法的参数,包括窗口大小,金字塔层数,停止条件
lk_params=dict(winSize=(15,15),
maxLevel=0,
criteria=(cv2.TERM_CRITERIA_EPS |cv2.TERM_CRITERIA_COUNT,10,0.03))

# 创建一些随机颜色,用于画轨迹
color=np.random.randint(0,255,(100,3))

# 读取第一帧图像,并转换为灰度图
ret,old_frame=cap.read()
old_gray=cv2.cvtColor(old_frame,cv2.COLOR_BGR2GRAY)
roi=np.zeros_like(old_gray)
x,y,w,h=266,143,150,150
roi[y:y+h, x:x+w]=255

# 用cv2.goodFeaturesToTrack()函数在感兴趣区域内找到角点,作为初始特征点
p0=cv2.goodFeaturesToTrack(old_gray, mask=roi, * * feature_params)

# 创建一个空白图像,用于画轨迹
mask=np.zeros_like(old_frame)

# 循环读取每一帧图像,直到视频结束
while(1):
ret,frame=cap.read()
if not ret:
break

# 把每一帧图像转换为灰度图
```

```
frame_gray=cv2.cvtColor(frame,cv2.COLOR_BGR2GRAY)

# 用 cv2.calcOpticalFlowPyrLK()函数计算当前帧和前一帧之间的光流,得到新的
特征点、状态标志和误差
p1, st, err = cv2.calcOpticalFlowPyrLK(old_gray, frame_gray, p0,
None,**lk_params)

# 根据状态标志,选择有效的特征点
good_new=p1[st==1]
good_old=p0[st==1]

# 画出轨迹
for i,(new,old) in enumerate(zip(good_new,good_old)):
a,b=new.ravel()
c,d=old.ravel()
mask=cv2.line(mask,(a,b),(c,d),color[i].tolist(),2)
frame=cv2.circle(frame,(a,b),3,color[i].tolist(),-1)
img=cv2.add(frame,mask)

# 用 cv2.waitKey()函数等待按键,如果按下【Esc】键,就退出循环,如果按下空格键,
就暂停
cv2.imshow('frame',img)
key=cv2.waitKey(60) & 0xff
if key==27:
break
elif key==ord(' '):
cv2.waitKey(0)

# 更新前一帧图像和特征点为当前帧图像和特征点

old_gray=frame_gray.copy()
p0=good_new.reshape(-1,1,2)
```

3. 背景减法

背景减法(background subtraction)是当前动态目标检测技术中常见的方法,它与帧差法的基本思想相似,都是把不同图像的目标区域通过差分运算进行提取。在一个稳定的监控画面中,假设无运动目标,同时光照不变的情况下,视频图像中每个像素点的灰度值是呈现随机概率分布的。由于摄像机在采集图像的过程中

会引入噪声，这些灰度值以一个均值为基准，在周围做一定范围的随机波动，这就叫作"背景"。但是与帧差法不同的是，背景减法不是将当前帧图像与相邻帧图像相减，而是将当前帧图像与一个持续更新的背景模型相减，在差分图像中提取运动目标。

背景减法计算比较简单，由于背景图像中没有运动目标，当前图像中有运动目标，将两幅图像相减，就可以提取出完整的运动目标，解决了帧差法只能提取目标轮廓的问题。利用背景减法实现目标检测主要包括四个环节：背景建模、背景更新、目标检测、后期处理。其中，最重要的就是背景建模和背景更新。背景模型的建立水平直接影响到最终目标检测的效果。获取背景最理想的方法是在没有运动目标的情况下获取一帧无目标的图像作为背景，但是，在实际情况中，由于亮度不统一、场景多样性高、目标无序、路线复杂多变等多种因素的影响，这种情况是很难实现的。

通过数学方法构建出一种能够表达"背景"特征的模型的经典方法包括单高斯法、混合高斯法。它们各有优势，实际应用中需要根据应用场景、检测目标的类型，以及硬件平台的性能进行综合选择。最简单、高效的方式是选择几段视频进行对比测试，选择最合适的方法进行应用。

首先利用数学建模的方法建立一幅背景图像帧 B，记当前图像帧为 f_n，背景帧和当前帧对应像素点的灰度值分别记为 $B(x, y)$ 和 $f_n(x, y)$。

按照以下公式将两帧图像对应像素点的灰度值进行相减并取其绝对值，得到差分图像的灰度值

$$D_n(x, y) = |f_n(x, y) - B(x, y)|$$

设定阈值 T，按照以下公式逐个对像素点进行二值化处理，得到二值化图像 $R_{n'}$。

$$R_n'(x, y) = \begin{cases} 255 & D_n(x, y) > T \\ 0 & 其他 \end{cases}$$

其中，灰度值为255的点即为前景（运动目标）点，灰度值为0的点即为背景点；对图像 $R_{n'}$ 进行连通性分析，最终可得到含有完整运动目标的图像 R_n。

（1）BackgroundSubtractorMOG。

这是一个以混合高斯模型为基础的前景背景分割算法。它使用 K 个高斯分布

混合对背景像素进行建模。使用这些颜色在整个视频中存在时间的长短作为混合的权重。背景的颜色一般持续的时间最长，而且更加静止。

一个像素怎么会有分布呢？其实，在 x，y 平面上一个像素就是一个像素，没有分布，但是我们现在讲的背景建模是基于时间序列的，因此每一个像素点所在的位置在整个时间序列中就会有很多值，从而构成一个分布。

在编写代码时需要使用函数

```
cv2.bgsegm.createBackgroundSubtractorMOG()
```

创建一个背景对象。这个函数有些可选参数，比如要进行建模场景的时间长度、高斯混合成分的数量、阈值等，将他们全部设置为默认值。

```
fgbg=cv2.bgsegm.createBackgroundSubtractorMOG(history,nmixtures,
backgroundRatio,noiseSigma)
history:时间长度,默认 200
nmixtures:高斯混合成分的数量,默认 5
backgroundRatio:背景比率,默认 0.7
noiseSigma:噪声强度(亮度或每个颜色通道的标准偏差)。默认 0 表示一些自动值。
```

然后在整个视频中需要使用函数

```
backgroundsubtractor.apply()
```

就可以得到前景的掩模了，即

```
fgmask=fgbg.apply(frame)
```

代码实现如下：

```
# 创建一个 VideoCapture 对象,用于打开视频文件
cap=cv2.VideoCapture('exampleVideo.mp4')

# 创建一个 BackgroundSubtractorMOG 对象,用于实现高斯混合模型的背景减除
fgbg=cv2.bgsegm.createBackgroundSubtractorMOG()

# 循环读取视频帧
while(1):

    # 从 VideoCapture 对象中获取一帧图像,ret 是一个布尔值,表示是否成功读取
    ret,frame=cap.read()
```

```
# 使用BackgroundSubtractorMOG对象对图像进行背景减除,得到一个二值化的前景掩码
fgmask=fgbg.apply(frame)

# 在窗口中显示前景掩码
cv2.imshow('frame',fgmask)

# 在窗口中显示原始图像
cv2.imshow('original',frame)

# 等待30 ms,如果按下【Esc】键,则退出循环
k=cv2.waitKey(30)&0xff
if k==27:
    break
```

(2) BackgroundSubtractorMOG2。

同样是以高斯混合模型为基础的背景前景分割算法。这个算法的特点是它为每一个像素选择一个合适数目的高斯分布。这样就会对由于亮度等发生变化引起的场景变化产生更好的适应。

首先需要创建一个背景对象,但在这里可以选择是否检测阴影,如果

```
detectShadows = True(默认值)
```

就会检测并将影子标记出来,但是这样做会降低处理速度。影子会被标记为灰色。

代码实现如下:

```
# 循环读取视频帧
while(1):

# 从VideoCapture对象中获取一帧图像,ret是一个布尔值,表示是否成功读取
ret,frame=cap.read()

# 使用BackgroundSubtractorMOG2对象对图像进行背景减除,得到一个二值化的前景掩码
fgmask=fgbg.apply(frame)

# 在窗口中显示前景掩码
cv2.imshow('frame',fgmask)
```

```
# 在窗口中显示原始图像
cv2.imshow('original',frame)

# 等待30 ms,如果按下【Esc】键,则退出循环
k=cv2.waitKey(30)&0xff
if k==27:
    break
```

(3) BackgroundSubtractorGMG。

这种方法将静态背景图像估计和每个像素的贝叶斯分割结合操作。这种方法是用前面少量的图像来建立背景模型。它用贝叶斯估计的方法（利用概率来判断前景）来识别运动目标。这是一种自适应的方法,新出现的对象比旧的对象有更高的权重,可以适应光照的变化。还用了一些形态学操作,比如开运算和闭运算,来去除不需要的噪声。在开始的几帧图像中会有一个黑色的窗口。

```
initializationFrames:初始化背景模型的帧数,默认120
decisionThreshold:阈值,超过该阈值,标记为前景,否则为背景,默认0.8
```

使用了不同的背景减除对象,并且对前景掩码进行了形态学处理。代码实现如下：

```
# 创建一个VideoCapture对象,用于打开视频文件
cap=cv2.VideoCapture('examplvideo.mp4')

# 创建一个结构元素,用于形态学操作,这里使用了一个3×3的椭圆形状
kernel=cv2.getStructuringElement(cv2.MORPH_ELLIPSE,(3,3))
# 创建一个BackgroundSubtractorGMG对象,用于实现基于图像分割的背景减除,
这个对象可以适应光照变化和动态背景
fgbg=cv2.bgsegm.createBackgroundSubtractorGMG()

# 循环读取视频帧
while(1):
# 从VideoCapture对象中获取一帧图像,ret是一个布尔值,表示是否成功读取
ret,frame=cap.read()

# 使用BackgroundSubtractorGMG对象对图像进行背景减除,得到一个二值化的前
景掩码
fgmask=fgbg.apply(frame)
```

```
# 对前景掩码进行开运算,去除噪声和孤立的小点
fgmask=cv2.morphologyEx(fgmask,cv2.MORPH_OPEN,kernel)

# 在窗口中显示前景掩码
cv2.imshow('frame',fgmask)

# 在窗口中显示原始图像
cv2.imshow('original',frame)
```

在很多实际应用项目中硬件平台资源有限,全部使用深度学习模型很难达到实时性要求,如果全部使用背景建模的话,则很难控制误报问题,所以采用"背景建模"+"目标分类"的模式,当场景中有运动目标时,由背景建模检测出来,然后送给深度学习网络去分类识别,这样既可以保证实时性,又可以保证分类的准确性。典型应用场景:周界防范、老鼠检测等。

4.1.7 经典方法优缺点总结

以上三种方法:帧差法、光流法和背景减法,是工业视觉范围检测振动的经典算法。

帧差法计算方便,但是检测结果不完整;光流法计算复杂,不适合实时监控系统;背景减法效果较好,但是建立一个好的背景模型需要很大的计算量和存储量。

对三种算法的优缺点进行总结,见表4-1。

表4-1 三种算法优缺点总结比较

算法名称	运算结果	运算复杂度	适用范围	优 点	缺 点
帧差法	运动目标的外轮廓	小	摄像头固定(背景相对固定)	原理简单,计算量小;适用于实时系统	检测目标不完整
光流法	运动目标的整个区域	大	摄像头固定/运动都可,与背景信息无关	可适用摄像机静止和运动两种场合	计算量大,易受光照变化影响
背景减法	运动目标的整个区域	由背景建模算法的复杂度决定	摄像头固定(背景相对固定)	算法复杂度小,提取目标完整	背景模型需要实时更新

4.2 对运动物体的轨迹追踪

本节对运动物体的轨迹追踪进行了详细介绍。针对单镜单目标跟踪典型的例子有光流、卡尔曼滤波、自我运动等。代码实现并讲解了跟踪算法 DeepSORT。

4.2.1 轨迹的定义

轨迹是指物体运动过程中所经过的路径，可以是直线，也可以是曲线。运动物体的轨迹是指物体的某一部分从开始位置到结束为止所经过的路线组成的动作的空间特征。如图 4-2 展示了不同材质小球受到相同大小、相同角度力的不同弹跳轨迹的模拟轨迹。

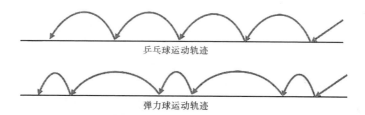

图 4-2 不同球类运动轨迹

4.2.2 轨迹追踪的原理

运动物体追踪是利用基于时间序列预测模型实现。运动追踪（motion tracking）意味着在视频的图像（帧）序列中找到特定对象。在后台，可以检查对象的运动、累积路径、预期路径和速度。

假设在连续两帧分别检测到了一个物体，如何让计算机知道它们是不是同一个？我们可以取两个检测框的中心，如果它们相距不太远（小于一个阈值），则判定它们是一个物体；反之，判定它们不是一个物体。

主要的跟踪方法包括寻找运动物体的特征点，寻找点跟踪（point tracking）一定区域内的运动，通过基于内核的跟踪（kernel based tracking）简化复杂的形状（剪影）来寻找运动基于剪影的跟踪（silhouette based tracking）。

典型的例子有光流、卡尔曼滤波、自我运动等。

1. 光流

光流（optical flow）是像素运动的瞬时速度，由于背景运动、目标运动或者二者共同运动产生。利用图像序列中像素信息的时域变化和像素之间的相关性来确定物体像素的运动状态。光流目前主要应用于运动检测、运动的三维重建、目标跟踪等。详见 4.1.6 节中的光流法。

2. 卡尔曼滤波

卡尔曼滤波（Kalman filtering）是属于线性回归的递归滤波器，能够估计动态系统的状态。通过对物体位置的观察序列预测运动信息，同时提供有关噪声测量的反馈。卡尔曼滤波在很多工程应用中效果良好，如雷达、视觉跟踪等。

3. 自我运动

自我运动（ego motion）指相机自身的运动，具体描述为相机和使用环境之间的相对运动，使用相机拍摄一系列图像来确定相机的运动。通过深度图和比例信息来估计运动。这种方法通常应用在自动驾驶、跟踪相机等。

4.2.3 运动特征的定义与提取

由于在复杂的场景下，轨迹特征在长时间跟踪过程中可能发生轨迹漂移，因此，研究者们将目光放在光流特征上。光流计算的是像素的瞬时变化，当物体运动模式改变时，对应的像素点也会改变，因此光流法被广泛应用于目标检测跟踪领域中。

运动特征提取中，轨迹、方向、速度、加速度和光流等特征被广泛使用。这些方法的好处是，不用考虑运动物体的形状信息，就能提取出丰富的特征信息，对视频中的运动物体行为有很好的表征能力。

中远距离视觉和能见度低的情况下，表观特征难以表征运动，基于运动特征的行为识别效果较好。但运动特征尤其是光流的计算方法复杂，抗噪性差，还要满足一些假设条件，不易实际应用，这给研究带来困难。目前，人们倾向于把外观形状特征和运动特征结合起来，共同表征运动物体行为，因为它们各有优势，可以互补。

4.2.4 时空特征的定义与提取

时空兴趣点特征易于提取，在行为识别领域很常用，它的基本思想是把视频整体当作三维函数,用一个映射函数把三维空间的数据转换到一维空间,然后求解这个空间的局部极大值,得到的极值点就是时空兴趣点。

求取时空兴趣点的经典算法有 Harris 角点检测、SIFT 特征检测、FAST 特征检测等及其改进算法。

1. Harris 角点检测算法

Harris 角点检测算法是利用局部窗口在图像上滑动,判断灰度是否有大的变化。如果窗口内的灰度值(梯度图上)都有较大的变化,那么这个窗口所在区域就是角点。

Harris 角点检测算法可以分为三步:

①计算窗口(局部区域)在 x(水平)和 y(垂直)两个方向移动时,窗口内部的像素值变化量 $E(x, y)$。

②计算每个窗口的角点响应函数 R。

③对 R 进行阈值处理,如果 $R>threshold$,就认为该窗口有一个角点特征。

2. SIFT 特征检测算法

SIFT 特征检测算法的原理是:在不同的尺度上用高斯微分函数找出图像中旋转和尺度不变的特征点。它的主要步骤包括构建高斯金字塔、计算 DOG 高斯差分金字塔和检测 DOG 局部极值点。

以上方法检测到的极值点是离散空间的极值点,以下通过拟合三维二次函数来精确确定关键点的位置和尺度,同时去除低对比度的关键点和不稳定的边缘响应点,因为 DOG 算子会产生较强的边缘响应,以增强匹配稳定性、提高抗噪声能力。

关键点主方向分配就是基于图像局部的梯度方向,分配给每个关键点位置一个或多个方向。所有后面的对图像数据的操作都相对于关键点的方向、尺度和位置进行变换,使得描述符具有旋转不变性。通过以上步骤,对于每一个关键点,拥有三个信息:位置、尺度以及方向。接下来就是为每个关键点建立一个描述符,用一组向量将这个关键点描述出来,使其不随各种变化而改变,比如光照变化、视角变化等。

3. FAST 特征检测算法

FAST 特征检测算法使用了一个包含了 16 个像素点的圆来判断目标点 P 是不是一个真正意义上的拐点。将这 16 个像素点标序号为 1 至 16。

对于每一个候选像素点 P,其强度为 I_p。如果该圆中 N 个连续像素都比候选

像素点 P 的强度亮很多，或都比候选像素点 P 的强度暗很多，那么 P 就被分类为一个拐点，即找出局部范围内最亮或最暗的点，作为局部图像的关键点。

时空上下文特征反映了事物在时间上的联系，视频的相邻帧之间的关系尤为明显，尤其是运动物体的运动中心。基于时空特征的行为识别方法不像外观形状特征和运动特征那样对视觉变化和部分遮挡敏感，而且时空特征是局部特征，不用对运动物体精确定位和跟踪。还可以加入上下文信息提高局部特征的表达能力，所以研究者对它很感兴趣。

但是，时空局部特征点本身含有很多噪声，限制了特征的表达能力。所以，如何解决这些问题，是该领域未来的研究难点和方向。

4.2.5 轨迹追踪的方法

从跟踪目标的多少来看，跟踪可分为单目标跟踪和多目标跟踪；从是否需要在不同的镜头中跟踪到同一个目标来看，跟踪可分为单镜跟踪和跨镜跟踪。如图 4-3 上图左侧为检测小球运动轨迹的实况界面，右侧在实况图的基础上同时绘出小球运动轨迹图；图 4-3 下图左侧为检测鱼轨迹的实况界面，右侧在实况图的基础上同时绘制出鱼游动轨迹图。

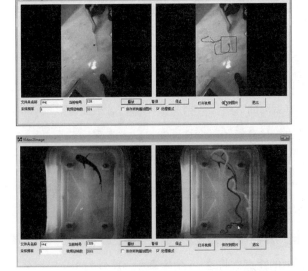

图 4-3　不同物体运动轨迹追踪界面小球（上）鱼（下）

1. 经典多目标跟踪算法 DeepSORT

DeepSORT 是目前非常常见的多目标追踪算法，是 SORT 算法的升级版。这里先简单了解一下 SORT 算法。

SORT 算法用卡尔曼滤波算法预测检测框在下一帧的位置，将其与下一帧的检测结果匹配，实现运动目标（例如车辆）的跟踪。但是，如果物体因为遮挡或其他原因没有被检测到，卡尔曼滤波预测的位置信息将无法和检测结果匹配，该跟踪片段将会提前终止。当遮挡结束后，目标检测可能又会继续进行，那么 SORT 只能给该物体分配一个新的 ID 号，表示一个新的跟踪片段的开始。所以 SORT 的缺点是：容易受到遮挡等影响，导致 ID 切换频繁。

DeepSORT 就是为了解决这个问题，它利用了之前检测到的物体的外观特征（假设之前检测到的物体的外观特征都被保存了），那么当物体从遮挡中恢复后，可以用之前保存的外观特征分配该物体遮挡前的 ID 号，减少 ID 切换。

其中起到关联两个运动目标（如车辆）的相互作用，最关键的就是匈牙利算法和卡尔曼滤波。

1）匈牙利算法

匈牙利算法是一种用于解决分配问题的组合优化算法，它的基本思想是通过矩阵变换来寻找最佳的零元素分配方案，使得总成本最小或总收益最大。

匈牙利算法的实现流程步骤如下：

（1）将输入的 $n×n$ 方阵转化为消费矩阵，即每个元素表示分配的成本或收益。如果是利益矩阵，可以用最大元素减去每个元素得到消费矩阵。

（2）对消费矩阵进行行规约和列规约，即每行减去该行的最小元素，每列减去该列的最小元素，使得每行每列都至少有一个零元素。

（3）用最少的水平线和垂直线覆盖矩阵中的所有零元素，如果需要的线数等于矩阵的维数 n，说明存在 n 个独立的零元素，即最佳分配方案，算法结束。如果需要的线数小于 n，说明没有找到最佳分配方案，需要进行矩阵调整。

（4）对矩阵进行调整，即找到未被覆盖的最小元素 m，从所有未被覆盖的元素中减去 m，然后加到所有被覆盖两次的元素上，得到新的消费矩阵，重复上述步骤，直到找到最佳分配方案。

在 DeepSORT 中，匈牙利算法用来将前一帧中的跟踪框 tracks 与当前帧中的检测框 detections 进行关联，通过外观信息（appearance information）和马氏距离（mahalanobis distance），或者 IOU 来计算代价矩阵。

2) 卡尔曼滤波

卡尔曼滤波详见 4.2.2 轨迹追踪原理。卡尔曼滤波被广泛应用于无人机、自动驾驶、卫星导航等领域，简单来说，其作用就是基于传感器的测量值来更新预测值，以达到更精确的估计。它是 DeepSORT 跟踪算法的重要组成部分。

2. DeepSORT 跟踪算法的实现

DeepSORT 对每一帧的处理流程如下：

检测器得到 bbox → 生成 detections → 卡尔曼滤波预测→ 使用匈牙利算法将预测后的 tracks 和当前帧中的 detecions 进行匹配（级联匹配和 IOU 匹配）→ 卡尔曼滤波更新

1) 检测阶段

使用 YOLO 作为检测器，检测当前帧中的 bbox：

```
# 检测到的 bbox[cx,cy,w,h],置信度,类别 id
    bbox_xcycwh,cls_conf,cls_ids=self.yolo5(im)
    if bbox_xcycwh is not None:
# 筛选出人的类别
# 创建一个布尔数组,只保留类别 id 为 0 的检测结果,即人类
    mask=cls_ids==0
# 应用掩码,只保留人类的 bbox
    bbox_xcycwh=bbox_xcycwh[mask]
# 对 bbox 的宽度和高度乘以一个系数,增加一些边缘空间
    bbox_xcycwh[:,3:]*=1.2
# 应用掩码,只保留人类的置信度
    cls_conf=cls_conf[mask]
```

2) 生成 detections 阶段

将检测到的 bbox 转换成 detections：

```
# 提取每个 bbox 的 feature
    features=self._get_features(bbox_xywh, ori_img)
# [cx,cy,w,h]->[x1,y1,w,h]
    bbox_tlwh=self._xywh_to_tlwh(bbox_xywh)
# 过滤掉置信度小于 self.min_confidence 的 bbox,生成 detections
```

```
    detections=[Detection(bbox_tlwh[i],conf,features[i]) for i,
conf in enumerate(confidences) if conf>self.min_confidence]
    #NMS (这里self.nms_max_overlap 的值为1,即保留了所有的 detections)
    boxes=np.array([d.tlwh for d in detections])
    scores=np.array([d.confidence for d in detections])
    indices=non_max_suppression(boxes,self.nms_max_overlap,scores)
    detections=[detections[i] for i in indices]
    ...
```

3) 卡尔曼滤波预测阶段

使用卡尔曼滤波预测前一帧中的 tracks 在当前帧的状态:

```
#kf:卡尔曼滤波

self.mean,self.covariance=kf.predict(self.mean,self.covariance)

#该track 自出现以来的总帧数加1
self.age+=1

#该track 自最近一次更新以来的总帧数加1
self.time_since_update+=1
```

4) 匹配阶段

首先对基于外观信息的马氏距离计算 tracks 和 detections 的代价矩阵,然后相继进行级联匹配和 IOU 匹配,最后得到当前帧的所有匹配对、未匹配的 tracks 以及未匹配的 detections。

```
#基于外观信息和马氏距离,计算卡尔曼滤波预测的 tracks 和当前时刻检测到的
detections 的代价矩阵
    features=np.array([dets[i].feature for i in detection_indices])
    targets=np.array([tracks[i].track_id for i in track_indices]
    #基于外观信息,计算tracks 和 detections 的余弦距离代价矩阵
    cost_matrix=self.metric.distance(features,targets)

    #基于马氏距离,过滤掉代价矩阵中一些不合适的项 (将其设置为一个较大的值)
    cost_matrix=linear_assignment.gate_cost_matrix(self.kf,cost_ma-
trix,tracks,dets,track_indices,detection_indices)
    return cost_matrix
```

```python
# 区分开 confirmed tracks 和 unconfirmed tracks
    confirmed_tracks = [i for i,t in enumerate(self.tracks) if t.is_confirmed()]
    unconfirmed_tracks = [i for i,t in enumerate(self.tracks) if not t.is_confirmed()]

    # 对 confirmd tracks 进行级联匹配
    matches_a,unmatched_tracks_a,unmatched_detections = \
        linear_assignment.matching_cascade(
            gated_metric,self.metric.matching_threshold,self.max_age,
            self.tracks,detections,confirmed_tracks)

    # 对级联匹配中未匹配的 tracks 和 unconfirmed tracks 中 time_since_update
    # 为 1 的 tracks 进行 IOU 匹配
    iou_track_candidates = unconfirmed_tracks + [k for k in unmatched_tracks_a if self.tracks[k].time_since_update==1]
        unmatched_tracks_a = [k for k in unmatched_tracks_a if
        self.tracks[k].time_since_update! =1]
        matches_b,unmatched_tracks_b,unmatched_detections = \
            linear_assignment.min_cost_matching(
                iou_matching.iou_cost,self.max_iou_distance,self.tracks,
                detections,iou_track_candidates,unmatched_detections)

    # 整合所有的匹配对和未匹配的 tracks
    matches = matches_a+matches_b
    unmatched_tracks = list(set(unmatched_tracks_a+unmatched_tracks_b))
        return matches,unmatched_tracks,unmatched_detections
# 级联匹配源码  linear_assignment.py
    def matching_cascade(distance_metric,max_distance,cascade_depth,tracks,detections,
        track_indices=None,detection_indices=None):
        ...
        unmatched_detections=detection_indice
        matches=[]

    # 由小到大依次对每个 level 的 tracks 做匹配
    for level in range(cascade_depth):
```

```python
# 如果没有detections,退出循环
    if len(unmatched_detections)==0:
        break
# 当前level的所有tracks索引
    track_indices_l=[k for k in track_indices if
        tracks[k].time_since_update==1+level]

# 如果当前level没有track,继续
    if len(track_indices_l)==0:
        continue

# 匈牙利算法匹配
    matches_l, _, unmatched_detections=min_cost_matching(distance_
metric,max_distance,tracks,detections,track_indices_l,unmatched_detections)

matches+=matches_l
unmatched_tracks=list(set(track_indices)-set(k for k,_ in matches))
    return matches,unmatched_tracks,unmatched_detections
```

5) 卡尔曼滤波更新阶段

对于每个匹配成功的track,用其对应的detection进行更新,并处理未匹配tracks和detections:

```python
# 得到匹配对、未匹配的tracks、未匹配的dectections
    matches,unmatched_tracks,unmatched_detections=self._match(de-
tections)

# 对于每个匹配成功的track,用其对应的detection进行更新
    for track_idx,detection_idx in matches:
        self.tracks[track_idx].update(self.kf, detections[detection_idx])

# 对于未匹配的成功的track,将其标记为丢失
for track_idx in unmatched_tracks:
    self.tracks[track_idx].mark_missed()

# 对于未匹配成功的detection,初始化为新的track
    for detection_idx in unmatched_detections:
        self._initiate_track(detections[detection_idx])
    ...
```

最后输出已经确认的 track 的跟踪预测结果。

4.3 计算运动物体的速度

本节结合工业领域的实例代码进行叙述讲解,由基础概念到原理解释同时对视频车辆测速的方法进行了详细描述。

4.3.1 平均速度的计算方法

平均速度是矢量,平均速度是一个描述物体运动平均快慢程度和运动方向的矢量,它粗略地表示物体在一个时间段内的运动情况。

$$\bar{v} = x/t$$

式中,x 为路程;t 为时间。

4.3.2 瞬时速度的计算方法

物体在某一瞬间或某一点的速度称为瞬时速度,它是矢量,有大小和方向。瞬时速度等于该瞬间或该点的无限小位移除以无限小时间。

$$v = \Delta x / \Delta t$$

式中,Δx 为位移;Δt 为通过这段位移所用的时间。

4.3.3 基于机器视觉的速度计算方法

目标在空间中的运动路径就是轨迹,通过轨迹可以方便地求出目标的速度、方向等运动参数。视频是由一系列的图片组成的,我们只需要知道目标在第 A 帧和第 B 帧的位置(像素坐标),以及这两帧的时间差,就可以算出目标在视频图像中的"像素速度"(像素/秒),计算公式为:

$$像素速度 = 像素距离 / 时间$$

目标在两帧中的像素坐标可以用来计算像素距离,即 $(X_1-X_2) + (Y_1-Y_2)$。视频帧率一般为 25 帧/s,所以每帧时间为 40 ms,目标从 A 帧到 B 帧的时间就是 $(B-A) \times 40$。如果我们知道视频画面中每像素对应的实际距离(m),就可以算出目标的运动速度。但是,摄像机拍摄三维空间画面时会有透视效果。假设目标在三维空间的路面上直线运动,从远处到近处(或反过来),目标的实际运动速度不变,但是我们在视频画面上看到的像素速度却是变化的,而且不是线性的。也就是说,视频画面上每像素表示的实际距离不是固定的,也就是说视频画面中的像素距离和实际物理距离没有线性关系,所以不能用目标的像素坐标和时间差来算出目标的实际运动速度。这种情况下有两种方法:

(1)像素距离和实际物理距离虽然不是线性的,但是可以用其他条件来找出它们的对应关系,比如目标从远到近,视频画面运动 5 像素,实际运动 5 m,视频画面运动 10 像素,实际运动 8 m,依此类推。要找出这种对应关系,就要用到其他条件,比如摄像机和地面的高度等。

(2)用变换,把视频画面变成"俯视视角"(从道路上方看道路)。这样变换后,路面上的运动目标都是 2D 平面运动,每像素的实际物理距离不变(m/像素)。这样就可以简单地算出实际物理速度,先算出像素速度,再乘以一个常数即可。这种画面变换也要用到一些参数,但是比第一种简单很多。

●●●● 小　　结 ●●●●

本章主要介绍了基于机器视觉的动态检测,在工业视觉范围中,检测振动主要介绍以下几种方法:帧差法、光流法和背景减法;主要的跟踪方法包括寻找运动物体的特征点,寻找点跟踪一定区域内的运动,通过基于内核的跟踪简化复杂的形状(剪影)来寻找运动基于剪影的跟踪。从检测振动、轨迹追踪、移动物体的速度计算三大方面入手,把有关方法的优势、劣势进行归纳和对比,由基础概念到原理解释同时结合工业领域的实例代码进行叙述讲解。

●●●● 习　　题 ●●●●

1. 解释目标检测和识别的关键问题是什么?为什么从背景中分离目标物很重要?

2. 请描述 Harris 角点检测算法的工作原理和主要步骤。如何在图像中标记检测到的角点?

3. SIFT算法用于检测哪些特征？它在什么情况下特别有用？如何使用SIFT算法从图像中提取特征点？

4. SURF算法是哪个算法的升级版？它有哪些改进之处？请提供一个使用SURF算法进行特征检测的实际应用案例。

5. 什么是BLOB（二进制大对象）？它在图像处理中有什么作用？如何使用OpenCV进行检测？

6. 请描述动态目标检测与静态目标检测之间的区别。提供一个实际应用案例，说明如何使用动态目标检测算法进行实时目标跟踪。

7. 了解动态DPC（dynamic patch consensus）算法的原理和应用场景。如何结合目标检测和目标跟踪的优点，实现高效、准确地定位和跟踪目标？

8. 列举至少三种用于从图像中提取关键点和特征描述子的算法。如何在动态场景中应用这些特征提取方法？

第 5 章

基于机器视觉的三维立体检测

三维立体检测方法的发展是随着现代工业的迅速进步和生产制造水平的提高而逐渐成熟的。该技术涉及多个学科，包括图像处理、数据处理、光学技术和激光技术，通过测量设备和方法将被测物的表面信息转换为三维坐标集。在传统工业检测中，通常采用二维图像结合图像处理算法进行信息分析。然而，二维图像所包含的信息相对有限，特别是在检测具有不同深度信息的物体时，逐渐显现出越来越多的局限性。相较之下，物体的三维信息涵盖了深度信息，从而使得信息获取更加全面，有效地规避了二维检测中可能出现的误检或漏检问题。同样，三维检测技术的引入使得之前二维检测技术难以应对的复杂形状测量，如曲面测量成为可能。在过去的几十年里，由于各种细分市场的应用需求、高分辨率和高速电子成像传感器的进步以及不断提高的计算能力的推动，三维立体检测的研究、开发和商业化取得了巨大进步。基于机器视觉的三维立体检测为自动化生产过程提供了关键的解决途径，包括自动化缺陷检测、自动验证和自动定位等。下面主要对结构光方法的三维检测和旋转方法的三维检测进行介绍。

【学习目标】

◎了解基于机器视觉的三维立体检测的原理，以及传统二维图像检测与三维立体检测的区别和优势。

◎理解不同类型的三维立体检测方法的工作原理及其适用范围。

◎能够选择和应用适当的三维立体检测方法解决实际生产中的问题，如产品质量控制、工件检测等。

◎能够分析不同三维立体检测方法的优缺点，并根据具体需求选择最佳方案。

5.1　结构光方法的三维检测

结构光是一种光线集合，在空间中以特定的形状和分布投射到被测物的表面。结构光系统由多个组件组成，包括一个或多个图像传感器、一个或多个投影系统，用于将结构光投射到被测物表面以进行测量，以及一个照明系统用于照亮表面以显示可能存在的缺陷或纹理。作为非接触式的三维检测技术，结构光三维检测的原理是使用光源和相机对物体进行扫描，光源投射特定的光学结构（例如条纹或格点）到被测物体表面，相机捕捉到光斑的形变信息。通过对这些扫描数据的处理和分析，可以获取被测物体的三维形状和表面信息。结构光系统具有价格较低、设备体积小和方便维护等特点，该技术在工业领域得到广泛应用，包括但不限于视觉检测、人脸轮廓分析以及机器人技术等领域。结构光方法用于三维检测，可根据实现原理分为直接三角法和光栅相位法。

5.1.1　直接三角法

直接三角法应用三角测量原理进行交会计算，以获取特征点的深度信息。基于结构光在测量中的几何特征，直接三角法分为点结构光测量、线结构光测量和面结构光测量三种。

1. 点结构光测量

点结构光测量是一种使用以点形式呈现的结构光进行测量的方法。在这种方法中，通过投影具有特殊模式的点光源，来照射在目标表面上，从而形成具有规律性的光斑。通过观察这些光斑在目标表面上的形变，可以应用直接三角法来计算物体表面上这些点的三维坐标。对多个点的三维坐标进行计算，可以得到整个物体表面的三维重建结果。这些结果可以表示为点云或其他形式，用于进一步的分析和应用。点结构光测量方法的精度可达 mm 级别，且在有效测量范围内（约 1 m）表现出较高的精度和可靠性。

2. 线结构光测量

线结构光测量使用以线条形式呈现的结构光进行测量。线结构光测量通过投影特殊模式的光线或光带照射在目标表面上，从而形成具有规律性的光影。通过观察这些光影在目标表面上的形变，应用直接三角法，通过已知的投影参数、相机参数和观察到的光影信息，计算目标表面上与光带相交的点的三维坐标。这通常涉及在投影和观测之间建立几何关系，以恢复物体表面的形状。在实际图像处理环境中，选择适当的图像处理方法对于确定中心线的位置至关重要，这可能涉及增强、平滑、滤波和分割等处理步骤。此外，其他可能影响测量精度的因素还包括标定的准确度、线匹配策略的选择，以及在多次扫描后需要进行的点云配准和拼接。

3. 面结构光测量

面结构光测量方法通过投射面结构光，在目标表面形成整个结构化光图案。通过分析和解码这个光图案，可以应用直接三角法计算物体表面的三维坐标。面结构光测量通常应用于需要进行大范围、全局性的三维形状重建的场景，例如地形测绘、建筑物扫描、车辆外观检测等。这种方法克服了点结构光测量在覆盖大区域时的一些限制，提供了更全面的三维信息。

5.1.2 光栅相位法

光栅相位法通过在被测物体表面投射光栅，解调相应的条纹图像以获得包含深度信息的相位变化场。通过分析相位与物体表面深度之间的关系，可以推导出被测物体表面的深度分布。在光栅相位法中，根据不同的相位检测方法，可以将其分类为叠栅法、移相法和变换法。

1. 叠栅法

在叠栅法中，首先通过投影光学系统在被测物体表面投射光栅，这是由相互交替的明暗条纹组成的结构化光图案。被投射的光栅与被测物体表面发生相互作用后，形成一个包含相位信息的条纹图像，通过相机或其他传感器捕捉被测物体表面的条纹图像。利用相位解调技术，将图像中的光强信息转化为相位信息。相位是光栅在被测物体表面的变化所引起的光程差的度量，通过分析相位的变化，可以推导出被测物体表面的深度分布。叠栅法涉及大量的数据处理，包括相位图的解调、噪声滤除、相位到深度的转换等，高效的算法和数据处理技术对于获取准确的深度信息至关重要。叠栅法通常用于静态场景的深度测量，例如三维形状重建、表面检测等应用。这种方法的优势在于其相对简单的硬件设置和高精度的深度测量。对于动态场景,叠栅法可能面临运动模糊等挑战。

2. 移相法

与其他光栅相位法类似,移相法首先在被测物体表面投射结构化光栅,通常是由明暗相间的条纹组成。在移相法中,光栅的相位被周期性地移动,这种相位的移动可以通过改变投射光栅的相位、频率或角度来实现。通过对不同相位的光栅进行多次投影,形成一系列包含相移的图像序列,每一帧图像都包含了与相位移动相关的信息。通过比较不同相位的图像,可以推导出被测物体表面的相位变化,从而获取深度信息。这一过程通常需要使用相位差分或其他方法进行精确的相位测量。移相法通常用于静态场景的深度测量,可以实现较高的测量精度。相对于叠栅法,移相法在处理动态场景时更为灵活,因为相位移动可以随着场景的变换进行实时调整,从而更好地适应不同场景的测量需求。

3. 变换法

变换法可以分为傅里叶变换轮廓术(FTP)和小波变换轮廓术(WTP)。FTP采用傅里叶变换和滤波的方式,将对空间信息的处理转化为对频率的处理。FTP在频域分离低频物体表面信息和高频载波,然后通过逆傅里叶变换提取相位。FTP仅需采集一幅条纹图即可获取相位值,但存在引入额外误差、滤波器参数优化难度大等问题。相比之下,WTP采用多级小波分解对原始图像进行处理,然后将原始图像和被测物体背景图像相减,再进行频域处理。WTP的优势在于能够提高物体表面可测梯度阈值,从而扩大变换法结构光测量的应用范围。

5.2 旋转方法的三维检测

旋转方法的三维检测通常涉及使用摄像头或激光传感器捕获场景信息,并通过旋转传感器、多视角成像或激光扫描等技术来获取三维信息。旋转方法的三维检测可以分为对称扫描模型和斜入式扫描模型两种。

5.2.1 对称扫描模型

对称扫描模型利用控制器控制线激光进行摆动,根据物体尺寸改变扫描角度可以获取物体高度信息,从而实现对物体三维轮廓的重构。在实现这一过程之前,需要对系统进行参数标定,明确激光器和相机的位置、角度关系,以及它们与参考平面的距离。在标定过程中,激光器发射的光线经过物体表面后在参考平面上发生漫反射,随后经过成像系统的光学中心。对称扫描模型进行三维检测可以描述为以下过程。角度 α 为初始激光方向与参考平面法线的夹角。当激光器旋转角度 θ 时,激光照射到物体表面发生漫反射并成像。角度 γ 为光线与基准平面法线的夹角,β 为光线与物体表面法线的夹角。通过已知的系统参数和几何关系,计算被测点 D 相对于基准平面的高度。高度随着激光器的转动而变化,可以通过已知的系统参数和测量角度 θ、β、γ 得到,从而获取三维位置信息。

5.2.2 斜入射式扫描模型

斜入射式扫描模型使相机的光轴与平面法线方向尽量重合,以确保相机能够最大限度地捕捉物体的整体外部轮廓。为了简化模型,使计算更加直观,该扫描模型通过相机对标准平面的标定外参,将相机坐标系转换到理想的相机坐标系。在斜入射式扫描模型中,相机的光轴与基准平面法线之间形成较小的角度,这样设计可以确保相机拍摄时能够更全面地捕捉到物体的整体形貌。斜入射的扫描模型通过一字线激光从旋转轴开始,沿物体轮廓的边缘进行扫描。在整个扫描过程中,激光的入射方向和基准平面的法线之间的夹角 θ 逐渐增大,θ 越大表示系统的灵敏度越高,斜入射式扫描模型能够提高测量结果的精度。

5.3 其他三维检测简介

除了上面介绍的结构光方法和旋转方法的三维检测外,还有飞行时间法、干涉法、相移测量法等三维检测方法。

5.3.1 飞行时间法

飞行时间法采用激光作为光源,通过测量光波从信号发射单元发出后经过被测物体表面反射并返回传感器的飞行时间来获取距离信息,通过配合额外的扫描装置,光脉冲可以在整个待测对象上进行扫描,进而实现对待测对象的三维数据采集。在飞行时间法中,激光脉冲由发射单元发出,然后传感器接收由物体表面反射回来的光信号。通过计算激光脉冲的发射和接收之间的时间差，系统能够准确测量物体表面到发射单元的距离。飞行时间法的优势在于其适用于大尺度和远距离的测量任务。虽然这种方法在时间分辨率上要求很高，但它能够有效地获取三维空间信息。

5.3.2 干涉法

干涉法利用相干光进行测量，一束相干光通过分光系统分为测量光和参考光，通过这两束光波的相干叠加，可以确定它们之间的相位差，从而获取目标表面的深度信息。干涉法适用于微观表面形貌和微小位移的测量，对于大尺度物体的检测相对不适用。此外，干涉法是一种非接触性测量技术，因此对于敏感或脆弱的目标进行三维测量时具有明显的优势，因为它不会对目标造成任何损伤。

5.3.3 相移测量法

相移测量法利用正弦光栅投影和相移技术进行测量。在该方法中，光栅投影到物体表面上，由于物体的高度变化，形成包含物体三维信息的光栅图像。通过在时间轴上逐点计算，相移测量法具有相对较小的计算量，且不会对整体系统产生显著影响，对于抗静态噪声有一定的能力。然而，相移测量法无法完全消除由条纹中高频噪声引起的误差。

5.4 代 码

5.4.1 代 码

基于结构光方法的鸡蛋三维测量的部分实现代码如下：

```
# include "StdAfx.h"
# include "CvvImage.h"
// Construction/Destruction
# 定义内联函数 NormalizeRect,用于将矩形 RECT 规范化
CV_INLINE RECT NormalizeRect(RECT r);
CV_INLINE RECT NormalizeRect(RECT r)
{
```

```
    int t;
    if(r.left>r.right)
    {
        t=r.left;
        r.left=r.right;
        r.right=t;
    }
    if(r.top>r.bottom)
    {
        t=r.top;
        r.top=r.bottom;
        r.bottom=t;
    }

    return r;
}
#定义将 RECT 类型转换为 OpenCV 中的 CvRect 类型的内联函数
CV_INLINE CvRect RectToCvRect(RECT sr);
CV_INLINE CvRect RectToCvRect(RECT sr)
{
    sr=NormalizeRect(sr);
    return cvRect(sr.left,sr.top,sr.right-sr.left,sr.bottom - sr.top);
}
CV_INLINE RECT CvRectToRect(CvRect sr);
CV_INLINE RECT CvRectToRect(CvRect sr)
{
    RECT dr;
    dr.left=sr.x;
    dr.top=sr.y;
    dr.right=sr.x+sr.width;
    dr.bottom=sr.y+sr.height;
    return dr;
}
#定义将 RECT 类型转换为 OpenCV 中的 IplROI 类型的内联函数
CV_INLINE IplROI RectToROI(RECT r);
CV_INLINE IplROI RectToROI(RECT r)
{
    IplROI roi;
    r=NormalizeRect(r);
    roi.xOffset=r.left;
```

```
        roi.yOffset=r.top;
        roi.width=r.right-r.left;
        roi.height=r.bottom-r.top;
        roi.coi=0;
        return roi;
    }

    #用于填充BITMAPINFO结构体,该结构体描述了位图的信息,包括宽度、高度、位深度等
    void FillBitmapInfo(BITMAPINFO* bmi, int width, int height, int bpp, int origin)
    {
        assert(bmi && width>=0&&height>=0 && (bpp==8||bpp==24||bpp==32));
        BITMAPINFOHEADER* bmih=&(bmi->bmiHeader);
        memset(bmih,0,sizeof(*bmih));
        bmih->biSize=sizeof(BITMAPINFOHEADER);
        bmih->biWidth=width;
        bmih->biHeight=origin ? abs(height) : -abs(height);
        bmih->biPlanes=1;
        bmih->biBitCount=(unsigned short)bpp;
        bmih->biCompression=BI_RGB;
        if(bpp==8)
        {
            RGBQUAD* palette=bmi->bmiColors;
            int i;
            for(i=0;i<256;i++)
            {
                palette[i].rgbBlue = palette[i].rgbGreen = palette[i].rgbRed = (BYTE)i;
                palette[i].rgbReserved=0;
            }
        }
    }
    #构造函数,初始化m_img为0
    CvvImage::CvvImage()
    {
        m_img=0;
    }
    #销毁图像,释放内存
    void CvvImage::Destroy()
    {
```

```cpp
    cvReleaseImage(&m_img);
}
#析构函数,调用Destroy()释放图像内存
CvvImage::~CvvImage()
{
    Destroy();
}
#创建图像,指定宽度、高度、位深度和原点
bool CvvImage::Create(int w,int h,int bpp,int origin)
{
    const unsigned max_img_size=10000;
    if( (bpp!=8&&bpp!=24&&bpp!=32) ||
        (unsigned)w>=max_img_size||(unsigned)h>=max_img_size||
        (origin!=IPL_ORIGIN_TL&&origin!=IPL_ORIGIN_BL))
    {
        assert(0); // most probably,it is a programming error
        return false;
    }
    if(!m_img||Bpp()!=bpp||m_img->width!=w|m_img->height!=h)
    {
        if(m_img&&m_img->nSize==sizeof(IplImage))
            Destroy();
        /* prepare IPL header */
        m_img=cvCreateImage(cvSize(w,h),IPL_DEPTH_8U,bpp/8);
    }
    if(m_img)
        m_img->origin=origin==0? IPL_ORIGIN_TL:IPL_ORIGIN_BL;
    return m_img!=0;
}
#将图像复制为另一图像的副本,可指定颜色模式
void CvvImage::CopyOf(CvvImage& image,int desired_color)
{
    IplImage* img=image.GetImage();
    if(img)
    {
        CopyOf(img, desired_color);
    }
}
#define HG_IS_IMAGE(img)                                    \
```

```
    ((img)!=0&&((const IplImage*)(img))->nSize==sizeof(IplIm-
age)&&\
    ((IplImage*)img)->imageData!=0)
void CvvImage::CopyOf(IplImage* img,int desired_color)
{
    if(HG_IS_IMAGE(img))
    {
        int color=desired_color;
        CvSize size=cvGetSize(img);
        if(color<0)
            color=img->nChannels>1;
        if(Create(size.width,size.height,
            (!color? 1:img->nChannels>1 ? img->nChannels:3)*8,
            img->origin))
        {
            cvConvertImage(img,m_img,0);
        }
    }
}
#从文件加载图像
bool CvvImage::Load(const char* filename,int desired_color)
{
    IplImage* img=cvLoadImage(filename,desired_color);
    if(!img)
        return false;
    CopyOf(img,desired_color);
    cvReleaseImage(&img);
    return true;
}
#从文件加载指定区域的图像
bool CvvImage::LoadRect(const char* filename,
            int desired_color,CvRect r)
{
    if(r.width<0||r.height<0) return false;
    IplImage* img=cvLoadImage(filename,desired_color);
    if(!img)
        return false;
    if(r.width==0||r.height==0)
    {
        r.width=img->width;
```

```cpp
            r.height=img->height;
            r.x=r.y=0;
        }
        if(r.x>img->width||r.y>img->height||
            r.x+r.width<0||r.y+r.height<0)
        {
            cvReleaseImage(&img);
            return false;
        }
        /* truncate r to source image */
        if(r.x<0)
        {
            r.width+=r.x;
            r.x=0;
        }
        if(r.y<0)
        {
            r.height+=r.y;
            r.y=0;
        }
        if(r.x+r.width>img->width)
            r.width=img->width-r.x;
        if(r.y+r.height>img->height)
            r.height=img->height-r.y;
        cvSetImageROI(img,r);
        CopyOf(img,desired_color);
        cvReleaseImage(&img);
        return true;
}
bool CvvImage::Save(const char* filename)
{
        if(! m_img)
            return false;
        cvSaveImage(filename, m_img);
        return true;
}
void CvvImage::Show(const char* window)
{
        if(m_img)
```

```
        cvShowImage(window,m_img);
}
#在指定窗口中显示图像
void CvvImage::Show(HDC dc,int x,int y,int w,int h,int from_x,int from_y)
{
    if(m_img&&m_img->depth==IPL_DEPTH_8U)
    {
        uchar buffer[sizeof(BITMAPINFOHEADER)+1024];
        BITMAPINFO* bmi=(BITMAPINFO*)buffer;
        int bmp_w=m_img->width,bmp_h=m_img->height;
        FillBitmapInfo(bmi,bmp_w,bmp_h,Bpp(),m_img->origin);
        from_x=MIN(MAX(from_x,0),bmp_w-1);
        from_y=MIN(MAX(from_y,0),bmp_h-1);
        int sw=MAX(MIN(bmp_w-from_x,w),0);
        int sh=MAX(MIN(bmp_h-from_y,h),0);
        SetDIBitsToDevice(
            dc,x,y,sw,sh,from_x,from_y,from_y,sh,
            m_img->imageData+from_y* m_img->widthStep,
            bmi,DIB_RGB_COLORS);
    }
}
#将图像绘制到指定的设备上下文区域
void CvvImage::DrawToHDC(HDC hDCDst, RECT* pDstRect)
{
    if(pDstRect&&m_img&&m_img->depth==IPL_DEPTH_8U&&m_img->imageData)
    {
        uchar buffer[sizeof(BITMAPINFOHEADER)+1024];
        BITMAPINFO* bmi=(BITMAPINFO*)buffer;
        int bmp_w=m_img->width,bmp_h=m_img->height;
        CvRect roi=cvGetImageROI(m_img);
        CvRect dst=RectToCvRect(*pDstRect);
        if(roi.width==dst.width && roi.height==dst.height)
        {
            Show(hDCDst,dst.x,dst.y,dst.width,dst.height,roi.x,roi.y);
            return;
        }
        if(roi.width>dst.width)
        {
            SetStretchBltMode(
```

```
            hDCDst,// handle to device context
            HALFTONE );
    }
    else
    {
        SetStretchBltMode(
            hDCDst,// handle to device context
            COLORONCOLOR );
    }
    FillBitmapInfo(bmi,bmp_w,bmp_h,Bpp(),m_img->origin);
    ::StretchDIBits(
        hDCDst,
        dst.x,dst.y,dst.width,dst.height,
        roi.x,roi.y,roi.width,roi.height,
        m_img->imageData,bmi,DIB_RGB_COLORS,SRCCOPY);
    }
}
#填充整个图像区域
void CvvImage::Fill(int color)
{
    cvSet( m_img, cvScalar(color&255,(color>>8)&255,(color>>16)
&255,(color>>24)&255));
}
```

5.4.2 检测过程

对鸡蛋的检测过程如图 5-1 所示。

图 5-1 鸡蛋检测

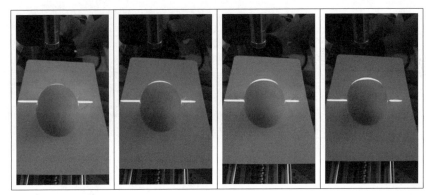

图 5-1 鸡蛋检测（续）

小　　结

本章详细介绍了基于机器视觉的三维立体检测的重要性和方法，重点介绍了基于结构光方法的三维检测和基于旋转方法的三维检测，在结构光方法中，重点介绍了直接三角法和光栅相位法，在旋转方法的三维检测中，介绍了对称扫描法和斜入射式扫描模型，同时对飞行时间法、干涉法和相移测量法等也给出了详细的描述，并对各种方法进行了分析。

习　　题

1. 解释结构光方法和旋转方法的三维检测的主要区别，并举例说明在哪些场景下可以使用其中哪种方法。

2. 在结构光方法中，点结构光测量、线结构光测量和面结构光测量都是常用的技术。请说明它们各自的特点和适用范围，并给出一个实际应用的案例。

3. 设计一个简单的结构光三维检测程序，要求能够从输入的图像中提取出结构光投射在物体表面上的光斑信息，并通过直接三角法计算出物体表面各点的三维坐标。

第 6 章

模板匹配算法及其应用

模板匹配作为一种重要的目标识别方法,在工业视觉领域具有广泛的应用。通过对目标图像的局部信息和预先定义的模板内容之间的一致性进行分析,能够有效地实现在目标图像中寻找特定目标的任务。模板匹配方法可以基于灰度、边缘等关键特征的比较,简单而有效地适用于各种不同的应用场景。本书主要介绍基础的模板匹配算法应用。本章将首先介绍简单的模板匹配算法的基本原理和实现步骤;然后,结合几种具体的工业视觉领域的应用进行说明。

【学习目标】

◎了解模板匹配算法的基本原理、图像的预处理方法,以及不同要求下的实际应用过程。

◎理解如何应用最简单的模板匹配算法的基本步骤来执行实际的模板匹配任务。

◎掌握本章所介绍的几种模板匹配算法应用的匹配思路和方法,并能够在实践中灵活运用。

◎会分析基于最简单的模板匹配算法的思路和方法,能够从实例中获取运用模板匹配算法的实践经验。

6.1 最简单的模板匹配算法

在对比两幅相似图像时,人类视觉难以快速捕捉二者之间的差异,然而模板匹配算法能够快速解决这一问题。在运用模板匹配算法之前,首先需思考如何衡量两幅图像的相似度或差异度,以及如何比较它们以获取差异区域。由于图像的灰度值信息携带了图像所记录的全部信息，因此一种简单的方法是，当两幅图像的像素灰度值相同时，即视为两者对应区域是一样的。

因此，最简单的模板匹配算法流程是：以像素灰度值作为度量差异的标准，逐像素比较待匹配图像与模板图像的像素灰度值，并计算它们之间的灰度差异。在遍历待匹配图像的所有位置时，当某一位置的差异超过预设的差异阈值，便可认定该位置为找到的与模板图像存在差异的区域。此外，值得注意的是，在进行匹配之前，由于两幅图像的相对位置可能不完全一致，需要事先设定一个窗口范围，以便在匹配之前对两幅图像的相对位置进行调整。

6.1.1 灰度化处理

在进行最简单的模板匹配算法之前，需要对图像进行灰度化预处理，具体是去除图像的色彩信息，只保留亮度信息。一幅灰度图像仅包含灰度颜色，灰度级别仅有 256 级。灰度值代表了像素的亮度，0、255 分别代表全黑、全白。

常见的处理方法是加权平均值法。具体地，不同颜色通道被不同的权值分配占比，并进行加权平均。一般情况下，人眼对不同颜色通道有不同的感知强度，因此采用不同的权重，以生成更合理的灰度图像，常用的灰度化计算公式如下：

$$\text{灰度值}(Gray) = 0.299R + 0.587G + 0.114B$$

下面是一个 Python 代码示例，使用的是 OpenCV 中的"cv2.cvtColor"函数：

```
#将彩色图像转换为灰度图像
gray_image=cv2.cvtColor(color_image,cv2.COLOR_BGR2GRAY)
#保存灰度图像
cv2.imwrite('gray_image.jpg',gray_image)
```

6.1.2 算法实现

在最简单的模板匹配算法中，我们的目标是确定待匹配图像与模板图像之间存在差异的区域，并将这些差异标记出来。

匹配前，先将待匹配图像和模板图像参考 6.1.1 节进行处理，以便后续像素比较；然后，定义一个匹配阈值，该阈值用于判断像素之间的差异是否超过规定阈值，以确定是否匹配。接下来，需要确定匹配范围，在不同位置找到最佳匹配，这涉及对两张图片的相对位置进行调整。此外，需要创建待匹配图像的副本，存储匹配结果。

计算两张图像的像素值之间的差异来找到最佳匹配位置。找到后就能开始匹配，如果像素差异超过阈值，将在 RGB 输出图像中对应位置的像素标记为其他颜色，如红色，以便突出显示差异区域。

该算法的输入包括模板图像和待匹配图像（与模板图像存在细小差别），输出是将待匹配图像中与模板图像存在差异的区域标记为红色的图像。具体实现步骤以及代码示意如下：

（1）定义匹配阈值（match_ threshold），以确定像素差异的界限：

```
match_threshold=20
```

（2）创建一个空白图像，用于标记差异：

```
output_img=np.copy(image1)
```

（3）定义搜索窗口的范围（search_ range），用于调整两幅图像的相对位置，并初始化记录最佳匹配位置（best_ i_ coordinate，best_ j_ coordinate）：

```
search_range=50
best_i_coordinate,best_j_coordinate=0,0
```

（4）在搜索窗口（具体范围自行定义即可）内查找最佳匹配位置，目的是找到与待匹配图像相似度最高的位置。在每个位置内比较待匹配图像和模板图像的相似度：

```
for i0 in range(34-search_range,34+search_range):
    for j0 in range(h-377-search_range,h-377+search_range):
        match_count=0
        for i in range(100,300):
            for j in range(100,300):
                pixel_diff=np.abs(int(image1_gray[j,i])-int(image2_gray[j+j0-(h-377),i+i0-34]))
                if pixel_diff>match_threshold:
                    match_count+=1
        if match_count<min_difference:
            best_i_coordinate,best_j_coordinate=i0,j0
            min_difference=match_count
```

(5) 遍历整个待匹配图像，对比每个像素与模板图像区域内对应像素的差异（pixel_diff）。如果像素差值超过阈值（match_threshold），将匹配结果的对应位置像素值标记为红色（0, 0, 255）。将标记了差异区域的图像作为输出结果，并保存。

```
for i in range(w):
    for j in range(h):
        pixel_diff = np.abs(int(image1_gray[j,i])-int(image2_gray[j+best_j_coordinate-(h-377),i+best_i_coordinate-34]))
        if pixel_diff>match_threshold:
            output_img[j,i,0]=0
            output_img[j,i,1]=0
            output_img[j,i,2]=255
```

(6) 将匹配图、模板图作为例子，两者进行模板匹配，参考代码如下：

```
# 定义匹配阈值
match_threshold=20
# 创建与待匹配图像 image1 具有相同维度的空白图像
output_img=np.copy(image1)
# 获取图像的高度和宽度
h,w=image1_gray.shape

# 定义搜索窗口范围
search_range=50
# 初始化最小差异和最佳坐标
min_difference=float('inf')
best_i_coordinate,best_j_coordinate=0,0

# 遍历搜索窗口
for i0 in range(34-search_range,34+search_range):
    for j0 in range(h-377-search_range,h-377+search_range):
        match_count=0
        for i in range(100,300):
            for j in range(100,300):
                pixel_diff=np.abs(int(image1_gray[j,i])-int(image2_gray[j+j0-(h-377),i+i0-34]))
                if pixel_diff>match_threshold:
                    match_count+=1
```

```
            if match_count<min_difference:
                best_i_coordinate,best_j_coordinate=i0,j0
                min_difference=match_count
#遍历图像,标记差异
for i in range(w):
    for j in range(h):
        pixel_diff = np.abs(int(image1_gray[j,i])-int(image2_gray
[j+best_j_coordinate-(h-377),i+best_i_coordinate-34]))
        if pixel_diff>match_threshold:
            output_img[j,i,0]=0      #蓝色通道
            output_img[j,i,1]=0      #绿色通道
            output_img[j,i,2]=255    #红色通道


#保存修改后的图像
cv2.imwrite('output_image.jpg',output_img)
```

以上是最简单的模板匹配算法的基本原理，其主要目标是在待匹配图像中定位与模板图像存在差异的区域，并通过颜色标记来突出显示。该算法通过比较像素灰度值的差异来评估相似度，并根据预设的差异阈值来决定是否进行标记。这个简易算法提供了模板匹配的基本概念和操作步骤，能够满足一些基本的应用场景需求。

由于该方法使用图像的全部灰度信息进行匹配，因此在不涉及光照条件的情况下，可以实现良好的匹配效果。然而，当图像内容包含光照时，图像的灰度值可能会发生显著变化，从而影响匹配结果。因此，该方法通常仅适用于光照条件没有或相对恒定的简单图像匹配场景。在实际应用中，根据具体需求和场景，可能需要进一步优化，以提高匹配的准确性和效率。

●●●● 6.2 数字模板匹配的方法 ●●●●

数字模板匹配算法在数字图像处理和识别任务中具有重要地位，其主要应用于定位和识别数字字符。在前面的介绍中，以两幅存在差异的相似图像作为待匹配图像和模板图像。而在数字模板匹配前，需先创建一个参考的数字模板，作为待匹配数字图像进行比较的标准。

6.2.1 制作数字模板

在数字模板匹配算法中,为了突出数字的特征,需要将图像中的数字目标从背景中提取出来,因此在预处理阶段通常需要进行二值化处理。

二值化处理可以把一张灰度图转换为二值图像。二值化后的图像只包含两个像素值(通常是 0 和 255,或者 1 和 0)。这种技术可用于分离前景对象(通常是我们感兴趣的目标)和背景。通常基于像素强度值和一个阈值来执行。执行二值化的一般步骤是先选择一个适当的阈值。阈值通常是指一个图像像素强度值,用于分离前景和背景。如果图像像素的灰度值超过阈值,它就被标记为特定物体的一部分,即设置为 255 或 1,反之被视为例外或者背景的区域,即设置灰度值为零。通常,阈值的选择取决于应用程序的需求和图像的特性。较低的阈值会导致更多的前景对象被检测到,而较高的阈值则会导致更少的前景对象。

这里以车牌上的数字制作模板为例(见图 6-1),其他类型的数字模板也可以参考该方法制作。具体实现步骤及代码示意如下:

图 6-1 硬件设备捕获的带数字的车牌示意图,用来获取数字模板
(照片部分内容已做遮盖处理)

(1) 二值化处理车牌图像。处理之前首先需要确定包含数字的车牌区域的坐标。可以通过指定车牌区域的左上角和右下角坐标来定义这个区域。自行根据待处理的图像选择适当的阈值(threshold),并将区域中的像素值设置为前景或背景:

```
threshold=100
plate_region = (img_data[y1:y2, x1:x2][:,:,0]>threshold).astype(np.uint8)
```

(2) 将二值化处理后的车牌区域更新,以便后续进行数字模板制作:

```
template[:plate_region.shape[0],:plate_region.shape[1]]=plate_region
```

(3) 根据具体要求自定义每个数字的坐标和尺寸,以便提取单个数字的字符模板(见图6-2)。

```
character_coordinates=
 [(char_x1,char_x2,char_y1,char_y2),        #第一个数字
  (char_x1,char_x2,char_y1,char_y2),        #第二个数字
  (char_x1,char_x2,char_y1,char_y2),        #第三个数字
  (char_x1,char_x2,char_y1,char_y2),]       #第四个数字
```

图 6-2　获取数字区域模板的处理区域示意图

(4) 从数字区域模板中剪裁出每个数字,并将它们调整到相同的大小:

```
for char_x1,char_x2,char_y1,char_y2 in character_coordinates:
    char_region=template[char_y1:char_y2, char_x1:char_x2]
    char_region=np.uint8(Image.fromarray(char_region).resize((char_width,char_height)))
```

(5) 调整后的字符区域被逐一添加到一个列表(character_ templates)中后,将每个字符模板统一表示为文本格式(见图6-3),以方便存取:

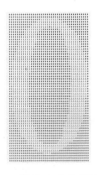 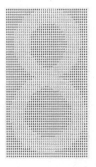

(a) 数字"0"的模板　　　　　　(b) 数字"8"的模板

图 6-3　数字模板示意图(在文本文件中以 0/1 来区分数字与背景)

```
for idx,char_template in enumerate(character_templates):
    char_template_str=""
    for row in char_template:
        char_template_str+=" ".join(str(pixel)for pixel in row)+"\n"
    char_template_filename=f"char_{idx}.txt"
    with open(char_template_filename,"w")as file:
        file.write(char_template_str)
```

数字模板的制作是其他模板制作的基础。在制作过程中，应该尽可能收集全面的数字模板，以便在之后的匹配过程中获得更好的效果。以下是参考代码：

```
# 创建一个空的数字区域,h,w根据实际情况修改
template=np.zeros((h,w),dtype=np.uint8)

# 在这里添加车牌区域的坐标(x1,x2,y1,y2),请替换为实际坐标
x1,x2,y1,y2=305,611,44,118

# 阈值化车牌区域以进行二值化,阈值根据实际情况修改
threshold=100
plate_region = (img_data[y1:y2, x1:x2][:,:,0]>threshold).astype(np.uint8)
# 将二值化的车牌区域更新到数字区域
template[:plate_region.shape[0],:plate_region.shape[1]]=plate_region

# 创建一个列表以存储字符模板
character_templates=[]

# 定义字符尺寸,自定义
char_width,char_height=40,60
# 在这里添加每个数字的坐标,请替换为实际坐标,数字数量以实际情况为准
character_coordinates=
[(char_x1,char_x2,char_y1,char_y2),      # 第一个数字
 (char_x1,char_x2,char_y1,char_y2),      # 第二个数字
 (char_x1,char_x2,char_y1,char_y2),      # 第三个数字
 (char_x1,char_x2,char_y1,char_y2),]     # 第四个数字

# 遍历字符模板坐标以提取单个数字
for char_x1,char_x2,char_y1,char_y2 in character_coordinates:
    # 从模板中裁剪数字区域
```

```
    char_region=template[char_y1:char_y2,char_x1:char_x2]

    #调整数字区域的大小
    char_region=np.uint8(Image.fromarray(char_region).resize((char
_width,char_height)))
    #将字符模板添加到列表中
    character_templates.append(char_region)

    #保存字符模板为文本文件
    for idx,char_template in enumerate(character_templates):
        #将字符模板表示为文本
        char_template_str=""
        for row in char_template:
            char_template_str+="".join(str(pixel) for pixel in row)+"\n"

        #将字符模板写入文本文件
        char_template_filename=f"char_{idx}.txt"
        with open(char_template_filename,"w")as file:
            file.write(char_template_str)
```

6.2.2 数字模板匹配方法的实现

准备好的模板图像涵盖了各种不同的数字字符，通常包括从 0 到 9 范围内的数字。将这些模板被放入模板库（可以是一个文本文件），以便用于数字字符匹配任务（见图6-4）。

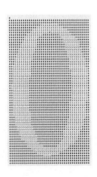
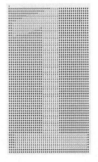

(a) 数字"0"的模板　　　　(b) 数字"1"的模板

图 6-4　数字模板库部分示意图

在进行数字字符匹配之前，需要获取模板中的内容与待处理的区域的字符以

方便后续匹配工作,具体地:

(1) 由于每个模板之前都有一个数字标识,表示该模板代表的数字,因此,可以依次读取数字标识和与之对应的模板内容,并将它们存储在列表中,以便后续使用。代码示意如下:

```
with open(template_filename, "r") as fpm1:
    for _ in range(num_templates):
        template_id=int(fpm1.readline())
        template_ids.append(template_id)

        template=[]
        for _ in range(60):
            row=list(map(int,fpm1.readline().split()))
            template.append(row)
        template_data.append(template)
```

(2) 通过前面所介绍的图像预处理步骤,已经准备好了数据,可开始进行数字匹配。而数字匹配通常包括数字定位和数字模板匹配两个主要步骤。其中,数字定位用于确定字符的四个边界。数字定位确保正确的区域被准确提取出来。

数字的定位方法可以参考本书前几章的内容。比如确定每个字符的左边界和右边界,可以通过从上到下扫描图像像素来实现。首先,找到第一个和最后一个非零的像素的位置,并把它们作为数字的左和右边界。然后,将这些像素标记为红色,以便可视化(参考图6-2)。代码示意如下:

```
for k in range(num):
    i1=abscissa2 if k>0 else 0
    nn=0
    i0=0

    for i in range(i1,abscissa3):
        s=np.sum(img_array[i,j1:j2]==1)
        if s>0:
            nn+=1
        else:
            nn=0
```

```
        if nn>8:
            i0=i-8
            break

    img_array[j1:j2,i0-1:i0+1]=[255,0,0]

    abscissa1=i0

    for i in range(abscissa1,abscissa3):
        s=np.sum(img_array[i,j1:j2]==1)
        if s==0:
            i0=i
            break

    img_array[j1:j2,i0-1:i0+1]=[255,0,0]
```

接下来需要确定数字的顶部边界和底部边界。同理，这可以通过从左到右扫描像素来实现。将找到的顶部边界和底部边界的像素标记为红色。这一过程可确保正确定位了数字的四个边界。匹配前准备工作的参考代码如下：

```
# 初始化以获取模板
num_templates=30        # 模板的数量
template_ids=[]         # 存储模板标识数字
template_data=[]        # 存储模板内容

# 读入数字标识和模板内容
with open(template_filename,"r") as fpm1:
    for _ in range(num_templates):
        # 读取数字标识
        template_id=int(fpm1.readline())
        template_ids.append(template_id)

        # 读取模板内容
        template=[]
        for _ in range(60):
            row=list(map(int,fpm1.readline().split()))
            template.append(row)
        template_data.append(template)
```

```python
# 数字定位。先确定左边界和右边界
# 初始化变量
# 定义匹配过程中的位置
# 自定义待处理数字个数 num

# 标记边界
for k in range(num):
    i1=abscissa2 if k>0 else 0    # 根据数字位置,设置初始 i1 的值
    nn=0                          # 用于连续非零像素计数
    i0=0                          # 用于记录字符的位置

    for i in range(i1,abscissa3):
        s=np.sum(img_array[i,j1:j2]==1)
        if s>0:
            nn+=1
        else:
            nn=0
        if nn>8:
            i0=i-8
            break

    # 设置边界
    img_array[j1:j2,i0-1:i0+1]=[255,0,0]

    abscissa1=i0

    for i in range(abscissa1,abscissa3):
        s=np.sum(img_array[i,j1:j2]==1)
        if s==0:
            i0=i
            break

img_array[j1:j2,i0-1:i0+1]=[255,0,0]

# 定位数字顶部边界和底部边界
    # 处理字符的边缘
    for j in range(j1,j2):
        ordinate1=0
        s=0
```

```
            for i in range(abscissa1,abscissa2):
                if img_array[i,j]==0:
                    s+=1
                    if s>3:
                        ordinate1=j
                        break
            if ordinate1>0:
                break

        img_array[abscissa1:abscissa2,ordinate1-2:ordinate1+2]=[255,0,0]

        # 处理字符的另一边缘
        for j in range(j2,j1,-1):
            ordinate2=0
            s=0
            for i in range(abscissa1,abscissa2):
                if img_array[i,j]==0:
                    s+=1
                    if s>3:
                        ordinate2=j
                        break
            if ordinate2>0:
                break

        img_array[abscissa1:abscissa2,ordinate2-2:ordinate2+2]=[255,0,0]
```

最后,将计算数字模板与待匹配数字的相似度。可以通过遍历数字模板,根据数字模板与图像的像素值相似度计算匹配得分。遍历完所有可能的模板后,将匹配得分最高的数字作为最佳匹配,即找到的匹配结果。关于这一部分的详细原理,可参考本书第6.1节的内容。此外,在接下来的6.3~6.6节中,将结合实例进行操作和实现。

这一节提供了一种简单的数字模板匹配算法,它通过将待匹配图像与预先建立的数字模板图像进行二值化比较来快速识别特定的数字。需要强调的是,在实际应用中,数字图像可能受到位移变化、大小变化、光照变化、字形畸变等因素的影响,为了提高匹配的准确性和效率,制作模板的步骤就显得十分关键。此外,根据具体的应用需求和场景,也可能需要对算法进行进一步的优化和改进。

6.3 汽车车牌号模板匹配的方法

汽车车牌号模板匹配算法在交通调查监管和车辆管理等领域具有重要作用，通过在图像中定位和识别车辆的车牌号，可以实现车辆的自动化管理，从而提高车辆管理的效率。本部分将重点介绍汽车车牌号模板匹配方法的关键步骤。

6.3.1 汽车车牌号的模板

汽车车牌具有明确的标准和特征，按照中国的国家标准，整个车牌的尺寸以及车牌上的七个字符之间的间隔比例都是固定的。车牌上的字符一般包含固定范围的汉字、英文字母和数字字符元素。

因此，汽车车牌号模板匹配任务通常涉及小样本标准字符集的模板匹配问题。在执行模板匹配之前，必须首先制作车牌字符的模板，并将这些模板放入模板库。其中，数字模板如图6-4所示，英文字母模板如图6-5所示，省市简称的汉字模板如图6-6所示。

由于车牌制作遵循严格标准，因此，汉字与英文字母的模板制作方法与6.2.1节中制作数字模板的方法完全相同，这里不再详细展开。在匹配过程中，需要读取预先制作好的字符模板库。这些模板图像使用二值表示字符区域与背景，经过统一大小的处理。

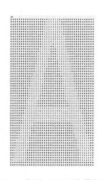
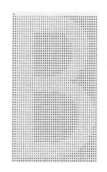

(a) 字母"A"的模板　　　　　　(b) 字母"B"的模板

图6-5 车牌的英文字母模板部分示意图

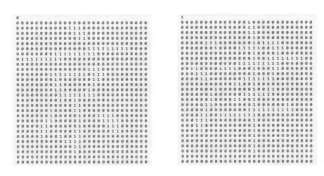

(a)"京"的模板　　　　(b)"津"的模板

图 6-6　汽车车号模板库部分示意图

接下来，需要定位待匹配车牌上的字符（见图 6-7）。由于车牌上的字符尺寸符合规范，因此这一步与 6.2.2 节中的数字定位方法是一致的，通过确定上下左右的边界来确定位置。有关字符定位的详细信息，请参考 6.2.2 节的内容。

(a) 车牌原图　　　　　　(b) 数字坐标位置展示

图 6-7　车牌与待匹配车牌上的字符定位示意图

6.3.2　汽车车牌号模板匹配方法的实现

在具体的汽车车牌号模板匹配过程中，都使用二值图像进行处理。简而言之，这个过程涉及将待匹配的车牌字符图像与模板库中的字符图像进行比较，并通过统计相同像素点的个数来确定最佳匹配结果。有关这一方法的原理，请参考 6.1.2 节的内容。汽车车牌号模板匹配算法的具体实现及代码示意如下：

（1）为确保待匹配车牌分割字符图像尺寸与模板图像一致，需要设置调整大小的参数，同时，设置初始位置参数以保证后续的快速匹配。

```
dx=(abscissa2-abscissa1)/40.0
dy=(ordinate2-ordinate1)/60.0
max_match=0
```

（2）将待匹配字符图像的像素与每个模板图像进行匹配。这一过程包括统计相同像素值的个数，并将其进行累加计数。

```
if img[int(set_i)][int(set_j)]==1:
    # 处理匹配结果
    str_value=0
else:
    str_value=1
    print(str_value,end=' ')
    if img[int(set_i)][int(set_j)]==m1[temp_char][ki][kj]:
        s+=1
```

（3）继续对剩余的模板图像进行匹配，每次更新计数最大的模板，作为当前的最佳匹配结果。这一过程一直持续到所有模板都完成匹配。

```
if s>max_match:
    max_match=s
    best_char=temp_char
```

（4）返回计数最大的模板图像作为最终的识别结果，即对应待匹配的汽车车牌号，结果如图 6-8 所示。以下是汽车车牌号模板匹配算法的参考代码：

(a) 待匹配车牌号定位结果　　　　　　(b) 匹配结果展示

图 6-8　汽车车牌号模板匹配结果示意图

```
# 初始化
dx=(abscissa2-abscissa1)/40.0    # 统一待匹配车牌字符的大小
dy=(ordinate2-ordinate1)/60.0
```

```
max_match=0

#遍历字符模板进行匹配
for temp_char in range(temp_char1,24):
    if temp_char==4:temp_char=5
    if temp_char==6: temp_char=7
    if temp_char==15: temp_char=16
    s=0
    for kj in range(60):
        set_j=ordinate1+kj * dy
        for ki in range(40):
            set_i=abscissa1+ki* dx

            #计算字符模板与图像像素的相似度
            if img[int(set_i)][int(set_j)]==1:
                #处理匹配结果
                str_value=0
            else:
                str_value=1
            print(str_value,end=' ')
            if img[int(set_i)][int(set_j)]==m1[temp_char][ki][kj]:
                s+=1
        print()

    #更新最佳匹配字符
    if s>max_match:
        max_match=s
        best_char=temp_char

#根据匹配结果输出字符
if best_char==0:
    result="0"
elif best_char==1:
    result="1"
elif best_char==2:
    result="2"
…… #其他数字的匹配结果可类似地处理
elif best_char==9:
    result="9"
```

```
elif best_char==10:
    result="京"
……   #其他字符的匹配结果可类似地处理
print(result)
```

本节介绍了汽车车牌号模板匹配算法的基本实现过程。该算法通过逐个对比待匹配的车牌分割字符图像与模板图像，通过统计相同像素点的个数来确定最佳匹配结果。该方法也适用于货车上车牌号（见图6-9）的匹配。由于车牌图像的采集环境复杂多变，包括光照条件、拍摄角度、设备性能、车牌老化变形等因素，这些因素都会对车牌图像的成像产生显著影响，增加了字符识别的难度。在不同的实际应用中，必须综合考虑当时环境因素的影响。

图6-9　硬件设备获取的不同光线条件下的货车车牌号示意图

为了提高车牌字符识别的准确性和鲁棒性，可以探索其他图像处理和机器学习技术的应用，例如卷积神经网络（CNN）等。这些技术能够更好地捕捉图像中的特征，从而增强识别性能。此外，针对不同种类的车牌字符特征的差异，还可以有针对性地制作模板，以及优化和改进算法，以满足各种车牌识别应用场景的需求。

●●●● 6.4　火车螺钉掉失模板匹配的方法 ●●●●

火车上的螺钉在车辆结构中扮演着至关重要的连接角色。如果螺钉掉失或松动，可能会导致车辆结构受损，甚至影响行车安全。因此，识别火车上的关键部位是否有螺钉掉失的情况成为一项关键任务。通过有效的螺钉掉失模板匹配算法，可以迅速检测到螺钉的掉失，为火车车辆的安全维护提供重要支持。本节将介绍识别火车螺钉掉失的模板匹配方法的关键步骤。

算法的大致思路是将待检测的火车表面图像与预先准备好的螺钉正常的模板

库中的模板图像进行对比，以确定火车表面是否有螺钉丢失的情况。在算法实现过程中，首先需要获取并预处理火车表面图像。预处理包括将图像统一转换为二值化图像，以便后续处理。此外，还可以进行降噪操作，以减少图像中的噪声和干扰。下面是一个简单的参考代码：

```
# 进行图像降噪
denoised=cv2.fastNlMeansDenoising(binary,None,10,7,21)
```

其中，cv2.fastNlMeansDenoising 函数将二值化后的图像 binary 进行降噪处理，返回降噪后的图像作为 denoised。滤波器强度设置为 10，注意较大的值可以更好地消除噪声，但可能会损失细节。用于计算像素值的块大小设置为 7，用于搜索相似块的窗口大小设置为 21。这几个参数根据数据的实际情况进行调节。

接下来，为了实现对火车表面不同关键部位的不同类型和规格的螺钉制作螺钉模板库，该模板库包含各种螺钉的二值化模板图像。这些模板图像通常通过将螺钉区域与背景标记出来，并统一调整大小，以适应匹配需求。这部分与之前制作数字模板的方法类似，见 6.2.1 节，不再详述。

在实际的模式匹配过程中，读取待检测火车表面图像和模板图像的二值化结果，并使其大小统一，这样可以使得后续的像素匹配更加简单。然后，逐个匹配待匹配图像中的像素点和螺钉模板库中的像素点，统计每个螺钉模板与待匹配图像中匹配的像素个数，并进行累加计数。最后，根据累加计数最大的螺钉模板，确定最佳匹配结果。如果最佳匹配结果超过预先设置的阈值，则表明火车上的螺钉没有掉失。火车螺钉掉失模板匹配算法的具体实现及代码示意如下：

（1）初始化匹配结果的匹配度和模板索引：定义变量"max_match""best_template"，分别用于记录当前最佳匹配结果的匹配度和最佳的模板索引。

```
max_match=0
best_template=None
```

（2）遍历所有模板图像，进行匹配：使用一个循环来遍历所有的模板图像。每次循环取出一个模板图像，并将其与待匹配图像进行匹配：

```
for y in range(resized_train_img.shape[0]):
    for x in range(resized_train_img.shape[1]):
```

(3) 判断当前像素是否匹配：在每个像素位置上比较待匹配图像和模板图像对应位置的像素值。如果两者相同，则将"match_ count"加1，表示匹配到一个相同的像素。

```
if resized_train_img[y, x]==template[y, x]:
    match_count+=1
```

也可以合并（2）、(3)，使用match_ count = np. sum(resized_ train_ img == template)来快速计算两个图像中相同像素值的个数，而不需要逐个像素进行比较。比较过程中，值为True的位置表示对应位置的像素值相同，值为False的位置反之。然后，np. sum()函数会将True的个数进行求和，即得到两个图像中相同像素值的个数。这样避免了逐个像素对比的循环操作，能提高代码的执行效率。

(4) 更新最佳匹配结果：在每次循环结束后，比较当前模板与待匹配图像的匹配结果"match_ count"与之前的最佳匹配结果"max_ match"。如果当前匹配结果的匹配度（即相同像素值的个数）大于之前最佳匹配结果的匹配度，则更新"max_ match"为当前匹配结果的匹配度，"best_ template"也更新为当前模板索引。

```
if match_count>max_match:
    max_match=match_count
    best_template=template
```

(5) 判断最佳匹配结果是否超过阈值：在所有模板匹配完成后，使用一个条件来判断最佳匹配结果的匹配度是否超过自定义的阈值。如果超过阈值，表示匹配成功，输出匹配度；否则，表示螺钉丢失。以下是一段简单的Python参考代码：

```
#统一待检测图像train_img和模板图像template_img的大小
resized_train_img=cv2.resize(train_img,(template_img.shape[1], template_img.shape[0]))

#初始化参数
max_match=0
best_template=None

#遍历螺钉模板库进行匹配
for template in template_img:
```

```python
# 统计匹配像素个数并进行累加计数
match_count=np.sum(resized_train_img==template)

# 更新最佳匹配结果
if match_count>max_match:
    max_match=match_count
    best_template=template

# 设置阈值,判断最佳匹配结果是否超过阈值
threshold=50
if max_match>threshold:
    print("螺钉{}未丢失,匹配度:{}".format(best_template,max_match))
else:
    print("螺钉丢失")
```

本节介绍了火车螺钉掉失模板匹配算法的基本实现过程。该算法通过逐个比较待匹配的火车图像与模板图像,并统计相同像素点的个数来确定最佳匹配结果。通过与阈值进行比较,可以判断是否存在螺钉丢失问题。然而,考虑到火车表面图像的多样性和噪声干扰,为了提高算法的鲁棒性和准确性,可以进行噪声处理等预处理步骤。此外,在实际应用中,还需要考虑图像采集条件和角度变化等因素,以满足不同实际场景的需求。

6.5 用模板匹配方法评估机器零部件加工精度

机器零部件的加工精度对于确保机械设备的性能和可靠性至关重要。在制造过程中,需要对机器零部件的加工精度进行检测和评估,以确保其符合设计要求和质量标准。模板匹配方法可以通过比较实际加工件与标准模板之间的差异,判断加工精度是否达到要求。本节将介绍使用模板匹配方法评估机器零部件加工精度是否合格的基本流程的关键步骤。

首先,为了实现对合格零部件的检测,需要准备一组合格零部件的模板图像。这些模板图像代表了加工精度符合标准的零部件图像。这些图像可能是通过工业相机或其他图像采集设备获取的,包含了一系列机器零部件的图像。在获取图像

后，可以进行统一裁剪，并依旧进行灰度化、二值化，以消除图像中的干扰。代码示意如下：

```
template_img = cv2.imread(template_img_path,0) , template_img = cv2.threshold(template_img,127,255,cv2.THRESH_BINARY)
template_img=cv2.resize(template_img,(w,h))
```

这里可以借助 cv2.threshold 函数将模板图像中的零件与其背景进行区分。此外，需要统一调整模板图像的大小，其中，(w, h)是目标模板图像的宽度和高度。这部分也可以参照本章前面的内容完成。

判断机器零部件的加工精度是否合格实际上是判断待处理零部件与合格零部件的匹配程度。在每个像素位置上比较两者图像对应位置的像素值。统计匹配的像素数，更新最佳匹配结果。最后，根据设定的阈值判断最佳匹配结果的匹配度是否合格，从而初步判断机器零部件的加工精度是否合格。该方法的主要步骤与6.4节中的内容相似，具体实现及代码示意如下：

（1）读取待检测图像，转为二值化图像，并统一待检测图像和模板图像的大小：

```
component_img = cv2.imread(path, 0)
_, component_img_binary = cv2.threshold(component_img, 127, 255, cv2.THRESH_BINARY)
resized_component_img = cv2.resize(component_img_binary, (template_img_binary.shape[1], template_img_binary.shape[0]))
```

（2）初始化匹配结果的匹配度和最佳模板索引。

（3）遍历所有模板图像，进行匹配。比较待检测图像和模板图像对应位置的像素值。如果两者相同，则将 "match_count" 加 1，表示匹配到一个相同的像素。

```
match_count=np.sum(resized_component_img==template)
```

（4）更新最佳匹配结果。在每次比较结束后，需要判断是否更新最佳匹配结果的匹配度与最佳模板索引。

```
if match_count>max_match:
    max_match=match_count
    best_template_index=i
```

（5）遍历所有模板图像后，根据经验设定合格阈值，判断后输出结果即可。以下是一段简单的 Python 参考代码：

```python
# 读取待检测机器零部件图像,并转为二值化图像
component_img = cv2.imread(path, 0) _, component_img_binary = cv2.threshold(component_img,127,255,cv2.THRESH_BINARY)

# 统一待检测图像的大小
resized_component_img=cv2.resize(component_img_binary,(template_img_binary.shape[1],template_img_binary.shape[0]))

# 初始化匹配结果的匹配度和最佳机器零部件模板索引
max_match=0
best_template_index=None

# 遍历模板图像进行匹配,并更新最佳匹配结果
for i,template in enumerate(template_img_binary):
    # 判断当前像素是否匹配
    match_count=np.sum(resized_component_img==template)

    # 更新最佳匹配结果
    if match_count>max_match:
        max_match=match_count
        best_template_index=i

# 判断最佳匹配结果是否超过阈值
if max_match>=threshold:
    print("机器零部件{}加工精度合格,匹配度:{}".format(best_template_index, max_match))
else:
    print("该机器零部件加工精度不合格,最高匹配度只有:{}".format(max_match))
```

该方法使用模板匹配的方式来检查机器零部件的加工精度是否合格。匹配过程比较简单，与之前讨论的实例相似。最后需要根据经验来设定合适的阈值判断机器零部件的加工精度是否合格。这种方法可以快速检查零部件的加工精度，并提供一个合格与否的初步判定，不合格的零部件还需要进行进一步的检查和调整。

这种基于模板匹配的机器零部件加工精度检测方法能够实现对大量零部件的自动化识别，从而提升生产效率和产品质量。同时，该方法也可以作为工业制造

过程中质量把控的技术支持。但在实际应用中,机器零部件更加多样,与之对应更复杂的具体加工要求和工程需求。因此,需要针对性地制作适用的模板库和精心设计匹配细节,以满足不同类型和形状的零部件加工精度的检测需求。

6.6 用模板匹配对身份证进行识别

身份证识别是一种常见的图像处理任务,具有广泛的应用领域,如自动识别身份证信息和人脸识别。身份证中包含重要信息,如姓名和身份证号码。通过创建身份证的模板并将其与待识别图像进行匹配,可自动提取、验证信息,判断身份证的合法性和真实性。本部分将介绍使用模板匹配方法进行身份证识别的完整流程。

在身份证识别中,主要关注识别中国居民身份证的姓名和身份证号码,这本质上是一个模板匹配问题,与前面讨论的汽车车牌号匹配内容类似。首先,需要制作汉字模板、数字模板以及"X"模板,统一它们的大小并保存;然后,读取待匹配的身份证图像,确定姓名和身份证号码的位置;最后,将其与模板进行匹配。

为了准备模板图像,需要进行一些预处理步骤。首先进行灰度化、二值化处理,以便进行后续操作(见图6-10)。可以使用cv2.threshold函数实现阈值处理,转换为二值。接下来,在二值化图像中查找轮廓。除了之前在6.2.2节中介绍的方法,还可以使用cv2.findContours函数实现。该函数的作用是在二值化图像中找到目标的边缘,以便后续定位字符的位置和边界框。代码示意如下:

```
contours_f, _ = cv2.findContours(my_image, cv2.RETR_EXTERNAL, cv2.CHAIN_APPROX_SIMPLE)
```

其中,第二个参数可以选择不同的模式来检测轮廓;第三个参数为可以选择不同的方法进行轮廓近似。返回值是一系列点坐标组成的列表。

接下来,使用cv2.boundingRect函数计算每个轮廓的边界矩形。返回值为边界框的位置和大小:

```
for contour in contours_f:
    x,y,w,h=cv2.boundingRect(contour)
```

最终，将字符模板添加到模板列表中供后续使用。该方式可以快速定位并提取模板信息，下面是一段关于模板处理的参考代码：

```
# 读入灰度图像,实际应用中请替换图像数据,x1、x2、y1、y2 自定义
gray_image=cv2.imread(image_path,cv2.IMREAD_GRAYSCALE)
cropped_image=gray_image[x1:x2,y1:y2]

# 二值化
_,binary_image=cv2.threshold(cropped_image,127,255,cv2.THRESH_BINARY)

# 查找轮廓
contours_f,_ = cv2.findContours(binary_image,cv2.RETR_EXTERNAL,cv2.CHAIN_APPROX_SIMPLE)

# 初始化二值模板
char_templates=[]

# 遍历每个轮廓
for contour in contours_f:
    x,y,w,h=cv2.boundingRect(contour)
    # 提取字符区域
    char_region=cropped_image[y:y+h,x:x+w]

    # 添加字符模板到列表
    char_templates.append(char_region)
```

(a) 姓名部分二值化　　　　　　(b) 身份证号码部分二值化

图 6-10　二值化身份证示意图（该测试身份证并不是真实身份证）

创建的模板库需要包含姓名和身份证号码对应的字符模式，并统一调整大小（见图 6-11）。可参考如下代码：

```
# 调整模板大小
resized_template=cv2.resize(full_template,(target_width,target_height))

# 打开文本文件以写入模板数据
```

```
with open(r'D:\template.txt','w') as file:
    # 遍历调整大小后的模板的每个像素
    for row in resized_template:
        for pixel in row:
            # 将像素值转换为 0 或 1,并将其写入文件
            pixel_value=1 if pixel==255 else 0
            file.write(str(pixel_value)+' ')
        # 写入换行符以分隔行
        file.write('\n')
```

　　(a) 汉字模板二值化展示　　　　(b) 模板文本展示,表示"小"

图 6-11　身份证模板示意图

在进行身份证识别的模式匹配过程中,首先需要遍历模板图像列表,逐个提取模板图像,并与待识别的身份证图像中的姓名和身份证号码进行二值化数据对比,以进行简单的模式匹配计算。通过比较待识别图像中字符区域与模板图像的像素值,可以得到匹配值。在计算出所有匹配值后,选择匹配值最大的模板图像作为最终的识别结果,并从中获取对应的姓名和身份证号码字符。一般情况下,匹配值越大表示待识别图像中的字符区域与模板图像越相似,因此识别结果更加可靠。以下是具体实现步骤及代码示意:

(1) 读入待识别的身份证图像预处理,以提高后续处理的准确性。

```
id_card_image=cv2.imread(img_path,cv2.IMREAD_GRAYSCALE)_,binary_
id_card=cv2.threshold(id_card_image,127,255,cv2.THRESH_BINARY)
```

(2) 定位待识别的区域。提取待识别的身份证图像的名字和身份证号码,并将单个的汉字和字符存入列表,以便后续匹配操作。该方法已在之前的内容中详细介绍,这里不作赘述。此外,还需要调整其大小与模板大小一致,以确保匹配的准确性。

```
x,y,w,h=cv2.boundingRect(contour)
chinese_region=name_roi[y:y+h,x:x+w]
```

（3）遍历模板图像列表，逐个提取模板图像，并将其与待识别身份证图像中的姓名和身份证号码的字符图像进行二值化数据对比，进行简单的模式匹配计算。详细解释可以参考本章前几节的内容。

```
for i, chinese_template in enumerate(chinese_templates):
    match_count=np.sum(resized_chinese_region==chinese_template)
```

（4）计算出所有匹配值后，选择匹配值最大的模板图像作为最终的识别结果。然后，可以通过根据匹配值最大的索引，从模板图像列表中获取对应的姓名和身份证号码字符。

```
if match_count>max_match:
    max_match=match_count
    best_template_index=i
```

（5）最后，对姓名中的汉字和身份证号码中的字符依次进行识别，即可从身份证图像中提取出姓名和身份证号码信息，以便后续其他应用。下面是一段可参考的代码：

```
# 读取待匹配的身份证图像并将其二值化处理
id_card_image=cv2.imread(img_path,cv2.IMREAD_GRAYSCALE)_,binary_id_card=cv2.threshold(id_card_image,127,255,cv2.THRESH_BINARY)

# 手动定位的姓名和身份证号码位置
name_roi=binary_id_card[y1:y2,x1:x2]          # 姓名区域的 ROI
id_number_roi=binary_id_card[y3:y4,x3:x4]     # 身份证号码区域的 ROI

# 读取二值化模板图像列表
digit_templates=[]
chinese_templates=[]

# 获取数字模板
for digit_template_path in digit_template_paths:
    template=cv2.imread(digit_template_path,cv2.IMREAD_GRAYSCALE)
    digit_templates.append(template)
```

```python
# 获取汉字模板
for chinese_template_path in chinese_template_paths:
    template=cv2.imread(chinese_template_path,cv2.IMREAD_GRAYSCALE)
    chinese_templates.append(template)

# 姓名匹配部分
# 查找姓名区域中的汉字轮廓
name_contours_f, _ = cv2.findContours(name_roi,cv2.RETR_EXTERNAL,cv2.CHAIN_APPROX_SIMPLE)

# 初始化姓名汉字列表
name_chinese_list=[]

# 遍历每个汉字
for contour in name_contours_f:
    x,y,w,h=cv2.boundingRect(contour)
    # 提取汉字区域
    chinese_region=name_roi[y:y+h,x:x+w]

    # 调整汉字区域的大小与模板一致
    resized_chinese_region = cv2.resize(chinese_region, (template_width, template_height))

    # 初始化最佳匹配结果
    max_match=0
    best_template_index=-1

    # 遍历汉字模板进行匹配
    for i,chinese_template in enumerate(chinese_templates):
        match_count=np.sum(resized_chinese_region==chinese_template)

        # 更新最佳匹配结果
        if match_count>max_match:
            max_match=match_count
            best_template_index=i

    # 将最佳匹配的汉字添加到列表中
    if best_template_index!=-1:
        matched_character=best_template_index
```

```python
        name_chinese_list.append(matched_character)

# 身份证号码匹配部分
# 查找身份证号码区域中的字符轮廓
    id_number_contours_f,_=cv2.findContours(id_number_roi,cv2.RETR_EXTERNAL,cv2.CHAIN_APPROX_SIMPLE)

# 初始化身份证号码字符列表
    id_number_list=[]

# 遍历每个字符
    for contour in id_number_contours_f:
        x,y,w,h=cv2.boundingRect(contour)
        # 提取字符区域
        char_region=id_number_roi[y:y+h,x:x+w]

        # 调整字符区域的大小与模板一致
        resized_char_region=cv2.resize(char_region,(template_width,template_height))

        # 初始化最佳匹配结果
        max_match=0
        best_template_index=-1

        # 遍历字符模板进行匹配
        for i,char_template in enumerate(char_templates):
            match_count=np.sum(resized_char_region==char_template)

            # 更新最佳匹配结果
            if match_count>max_match:
                max_match=match_count
                best_template_index=i

        # 将最佳匹配的字符添加到列表中
        if best_template_index!=-1:
            matched_character=best_template_index
            id_number_list.append(matched_character)

# 最终获得对应的名字和身份证号码
```

```
name=''.join(name_chinese_list)
id_number=''.join(id_number_list)

#打印姓名和身份证号码信息
print("姓名:",name)
print("身份证号码:",id_number)
```

上述方法详细介绍了通过模板匹配识别身份证图像中的姓名和身份证号码的完整过程。首先，制作姓名匹配所需的汉字模板以及身份证号码匹配所需的字符模板，并将它们统一调整为相同的大小后进行存储。然后，对待匹配的身份证图像进行处理，截取出图像中的姓名和身份证号码位置，并将其按照字符进行分割和保存。最后，对分割好的字符图像进行模板匹配操作，以获取最终的识别结果。

然而，这种简单的模板匹配算法在复杂的场景下可能面临一些挑战。例如设备性能、光照变化、噪声干扰等，这可能导致匹配结果的准确性降低。为了增强身份证识别的鲁棒性和准确性，在进行模板匹配之前，可以考虑对待识别图像进行数据增强操作。通过增加图像的对比度、调整亮度、增加锐度等方式，增强图像的可识别性。或者利用去噪算法（如中值滤波器、均值滤波器）降低处理图像时的噪声干扰。

值得注意的是，身份证识别涉及敏感信息，因此在实际应用中还需要考虑数据隐私保护和安全性等问题。

小　　结

本章详细介绍了最简单的模板匹配算法，阐述了其基本原理及实现步骤。通过结合工业视觉领域的具体应用，包括数字模板匹配、汽车车牌号模板匹配、火车螺钉掉失模板匹配以及用模板匹配方法对身份证进行识别等案例，对解决实际工业问题的方法进行了具体的分析。

习　　题

1. 请简要描述模板匹配算法的基本原理、实现步骤及其局限性。

2. 在进行模板匹配之前,通常需要进行哪些预处理操作?这些操作的目的是什么?

3. 在模板匹配算法中,如何处理模板和待匹配图像大小不一致的情况?请描述相应的处理方法。

4. 除了上述提到的应用案例,你认为模板匹配算法还可以在哪些其他工业视觉领域得到应用?请提供至少一个案例并进行解释。

5. 除了传统的模板匹配算法,你是否了解其他更先进的匹配技术?请简要介绍一种,并比较其与模板匹配算法的优缺点。

6. 传统的模板匹配算法在实际工业应用中是否可以结合其他技术(如深度学习)进行进一步优化?请简要说明。

第 7 章

基于机器视觉的分拣系统

工业应用中的分拣系统庞大而复杂,需要大量的机器技术,其中机器视觉技术在工件分拣程序设计和应用中扮演着十分重要的角色。充分利用机器视觉技术能够极大地提升工业生产的效率和品质。因此,基于机器视觉的工业应用越来越受到重视。

在分拣系统中,机器视觉技术可以充分发挥其信息处理速度快、处理容量大、功能多样等特点,能够在具体应用中构建高效、优质的解决方案。通过配置相机和图像处理算法,机器视觉能够识别和分类各种类型的物体,如形状、颜色和纹理等特征,并将其分拣到相应的类别或位置。同时,机器视觉还可以检测物体的缺陷或损伤,确保只有符合质量标准的物品才能通过分拣。这些多元化的应用在推动分拣系统向自动化和智能化方向发展的同时,也极大地提升了生产效率、准确性和质量控制水平,为工业生产带来了更高的效益和保障。

本章首先对机器视觉进行了简要介绍,介绍其在分拣系统中的应用;然后,详细介绍机器视觉如何实现物品的分拣,包括各个应用的优缺点,以及它们的作用与运行模式;最后,针对物品的不同特性,包括形状、体积和色彩特征,阐述如何进行分拣,并举例说明分拣程序的基本结构,以及相关函数的构造与用法。

【学习目标】

◎了解机器视觉在分拣系统中的多样应用,包括物体识别、位置检测、缺陷检测、尺寸测量、颜色识别等方面。

◎理解机器视觉技术如何提高工件分拣的效率、准确性和品质,以及其在现代物流和生产领域的关键作用。

◎掌握机器视觉在分拣系统中的具体应用场景,了解其原理和操作,能够应用于自动化分拣系统的设计与实践。

◎通过案例学习,分析机器视觉技术对工件分拣系统的影响,深入理解其在提升生产效率和质量控制方面的优势。

◎形成对机器视觉在工件分拣中关键作用的认识,培养对新兴技术在物流行业中应用的敏感性,为未来相关领域的学习和实践打下坚实基础。

7.1 机器视觉在分拣系统中的应用

随着科学技术的快速发展,机器视觉技术逐渐成为各行各业中十分重要的一环,而其在物流和分拣系统中的应用更是显著。机器视觉的突出性能在于它能够模拟人眼,学习人类的感知能力,通过高度智能的图像处理和分析,使其自身能够"看懂"画面并作出相应的决策。

新时代的分拣系统不再是简单地将物品从一个地方搬移到另一个地方。而是可以充分利用机器视觉的强大功能,通过对物体形状、体积和颜色等特征的智能分析,使其自身具备了更高的智能化和适应性。从分拣电子零件到水果蔬菜,小包裹到大货物,这些都是机器视觉在分拣系统中的应用场景。具体应用如下:

(1)物体识别和分类:机器视觉系统运用相机或传感器捕捉物体图像,并借助图像处理和深度学习等技术,对物体进行快速而准确的分类,为随后的分拣工作奠定基础。

(2)位置检测:机器视觉的位置检测功能能够高精度地确定物体的位置和朝向,对于机械臂、机器人或传送带上的物体进行精准抓取和分拣至关重要。

(3)缺陷检测:系统通过分析图像,能够迅速识别并标记产品上的缺陷,如裂纹、瑕疵或污点,从而有效减少了次品率。

7.1.1 物品识别与分类

机器视觉系统通过使用先进的图像处理和深度学习技术,能够高效地捕捉物体的图像并进行准确的识别和分类。这种应用的优点在于可以迅速、准确地将物体划分为不同的类别,为后续的分拣和处理提供了基础。然而,其缺点可能包括对复杂场景的适应性挑战,以及对大量训练数据的需求。

1. 运行模式

图像采集：利用搭建的相机或者特殊传感器实现对所需分拣物理信息的采集，获得相应的数据。这可能涉及多个视角或光照条件，以确保系统在各种情况下都能稳健地运行。

预处理：采集到的图像存在一定的问题，需要先对其进行预处理，包括调整亮度和对比度、去除噪声等，以提高后续处理的准确性。这也可能包括图像的大小标准化，确保输入数据具有一致的格式。

特征提取：特征是所分拣对象自身信息的有效表达，可通过传统特征提取方式或者现代的人工智能方式学习对象的信号特征，比如传统的支持向量机，或者现在神经网络方式，如 Res-Net、Mobile-Net 等，以捕获物体的抽象特征。

分类决策：通过在深度神经网络的基础上加上全连接层实现对信号的有效分类。

2. 代码示例

下面是一个简单的 Python 代码示例，演示了如何构建一个图像分类模型。在实际的训练过程中，其可能需要一定量的数据与算力。

```
model=keras.Sequential([
    layers.Conv2D(32,(3,3),activation='relu',
            input_shape=(224,224,3)),
    layers.MaxPooling2D((2,2)),
    layers.Flatten(),
    layers.Dense(64,activation='relu'),
    layers.Dense(10,activation='softmax')   #假设有10个类别
])

#编译模型
model.compile(optimizer='adam',loss='mean_squared_error',
        metrics=['accuracy'])
```

上述代码是一个基本的示例，实际上，为了获得高准确性的模型，需要更复杂的架构和更大规模的数据集进行训练。

这一机器视觉应用的局限性在于对于复杂场景的适应性，例如光照变化或背景噪声可能影响模型的性能。克服这些挑战需要更高级的技术和更复杂的模型结构。

7.1.2 位置检测

通过对相应所需分拣物品位置的判断,进而可以利用机械手实现对分拣物品的准确抓取。因此,位置检测在分拣过程中也是较为重要的一环。

1. 优缺点

1)优点

(1)高精度的位置信息:机器视觉系统能够提供物体的高精度位置信息,使得分拣系统能够更加精准地进行操作和搬运。

(2)实时性:位置检测可以实时进行,确保系统对于物体位置的感知是及时的,适用于高速分拣系统。

2)缺点

计算复杂度:在处理大规模场景或复杂环境时,位置检测可能面临较高的计算复杂度,要求系统具备强大的计算能力。

2. 运行模式

图像定位:利用图像算法定位物体位置。这可能涉及物体边缘检测、角点检测等技术,以获取准确的位置信息。

坐标计算:基于图像定位的结果,进行坐标计算,将图像上的位置映射到实际物理空间中。特别要构建有效的标定算法,进而构建物理空间和数字空间的对应关系。

位置反馈:计算得到物体的准确位置后,将这一信息反馈给分拣系统的控制单元。这样,机械臂或其他设备就能够根据实际的位置进行相应的操控和动作。

3. 示例与代码

以下是一个简单的 Python 示例代码,使用 OpenCV 库演示了如何通过图像定位获取物体的位置。

```
# 读取图像
image=cv2.imread("object_image.jpg")

# 将图像转换为灰度
gray=cv2.cvtColor(image,cv2.COLOR_BGR2GRAY)
```

```
# 使用边缘检测获取物体轮廓
edges=cv2.Canny(gray,100,160) % 100,160 为对应的阈值参数

# 寻找轮廓
contours,_ = cv2.findContours(edges,cv2.RETR_EXTERNAL,cv2.CHAIN_APPROX_SIMPLE)

# 获取物体的中心位置
if contours:
    contour=max(contours,key=cv2.contourArea)
    M=cv2.moments(contour)
    if M["m00"]!=0:
        cX=int(M["m10"]/M["m00"])
        cY=int(M["m01"]/M["m00"])
        print(f"物体的中心位置:({cX},{cY})")
    else:
        print("无法计算中心位置")
else:
    print("未检测到物体")

# 在图像上绘制物体轮廓和中心位置,并赋予不同的颜色
cv2.drawContours(image,[contour],-1,(0,255,0),2)
cv2.circle(image,(cX,cY),7,(255,255,255),-1)
cv2.putText(image,f"Center:({cX},{cY})",(cX-20,cY-20),cv2.FONT_HERSHEY_SIMPLEX,0.5,(255,255,255),2)
```

这个例子演示了如何通过边缘检测和轮廓检测获取物体的位置,并在图像上标记出物体的中心。在实际应用中,这样的信息可以用于控制机械臂或其他设备对物体进行精确的操控。

7.1.3 不合格产品的检测

在实际生产流水线上,有时候需要对有问题的物品进行检测,从而利用机械手对问题产品进行分拣,诸如一些产品中存在着裂纹、瑕疵或污点等,通过对其进行分拣实现次品率的降低,进而提高产品质量。优点在于实现了对微小缺陷的敏感检测,但其挑战在于处理不同光照和表面特性可能导致的误判。

1. 优缺点

1）优点

（1）高效的缺陷检测：机器视觉系统能够高效地对产品表面进行扫描，快速而准确地检测出微小的缺陷，有助于提高产品质量。

（2）降低次品率：及时发现并剔除有缺陷的产品，有助于降低生产中的次品率，提高整体制造效率。

2）缺点

对光照和表面特性敏感：光照和表面特性的变化可能导致误判，因此需要在设计算法时考虑这些因素。

2. 运行模式

图像采集：使用相机捕捉产品表面的图像。这可能涉及不同光源和角度的设置，以确保对产品表面的全面扫描。

缺陷特征提取：不合格产品根据产业专家知识，实现对缺陷产品的特征表达，一般情况下，可以根据颜色、纹理、形状等实现特征信息的基本表达。

判别决策：基于提取的特征，系统进行缺陷判别决策。这可以通过事先训练好的深度学习模型、图像处理算法等实现。

3. 示例与代码

以下是一个简化的缺陷检测示例，使用了基本的图像处理技术，如颜色阈值和轮廓检测。在实际应用中，更复杂的算法和深度学习模型可能会更为适用。

```
# 读取图像
image=cv2.imread("quexian_product.jpg")

hsv=cv2.cvtColor(image,cv2.COLOR_BGR2HSV)

# 定义颜色阈值,假设以红色为例
lower_red=np.array([0,100,100])
upper_red=np.array([10,255,255])

# 创建掩码
mask=cv2.inRange(hsv,lower_red,upper_red)

kernel=np.ones((7,7),np.uint8)    % (7,7)为模块的大小
```

```
mask=cv2.morphologyEx(mask,cv2.MORPH_CLOSE,kernel)

# 寻找图像中的轮廓
contours,_=cv2.findContours(mask,cv2.RETR_EXTERNAL,cv2.CHAIN_AP-
PROX_SIMPLE)

# 如果发现轮廓,说明有缺陷
if contours:
    print("产品存在缺陷！为不合格产品")
    # 在图像上标记缺陷区域
    cv2.drawContours(image,contours,-1,(0,0,255),2)
else:
    print("产品正常。")
```

通过上面这个例子，可以大概描述如何通过颜色阈值和轮廓检测图像中的缺陷区域，进而将不合格的产品通过颜色的方式进行分拣。实际应用过程中，由于受到光照、产品不同形状、角度等诸多问题的影响，需要采用更加复杂的算法，因此将光照系统、摄像系统、智能图像处理算法、更加灵活的机械手等进行有效结合，进而开发出更加多样化的产品，以面对复杂的工业化应用。

●●●● 7.2 根据物品特性进行分拣 ●●●●

随着物流的快速发展，以及流水线的大量应用，对分拣系统的效率和准确率都提出了新的要求。物品的形状、体积和彩色特征等属性成为智能分拣系统中的重要考量因素。通过将视觉技术和机器学习算法进行结合，完成对物品特征属性的精准识别和分析。后面将探讨根据物品形状、体积以及彩色特征的不同而进行的分拣策略。进而提高分拣的自动化程度，为工业生产线或者相应系统带来更高的灵活性和适应性。

7.2.1 根据形状不同进行分拣

形状是工业产品最简单的特征之一，实际工业流程中，根据形状进行分拣是机器视觉领域常见的应用之一。这种分拣方法主要通过相机或传感器捕捉待分拣物体的图像，并进行形状分析，从而将物体分拣到不同的类别或位置。这一方法在仓储、物流和生产线等领域得到了广泛应用。

在形状分拣系统中，通过利用相机或传感器捕捉物体图像，并运用图像处理和分析技术，可以有效地识别物体的形状特征。形状在图像处理中定义较为困难，通常可以利用边缘检测、轮廓提取和形状逼近等方式来进行表达。即通过比较物体的形状特征与预定义的形状模板进行匹配，系统能够准确判别物体所属的形状类别。

根据形状分类的结果，系统可以将物体分配到相应的分拣位置或容器中。这可以通过传送带、机械臂或其他自动化设备实现。形状分拣系统通常会设置不同的分拣通道或位置，以确保物体被精准地分拣和处理。

以纸盒子的形状分拣为例，系统通过摄像头获取纸盒子的图像，并进行形状分析。最终，分拣系统将不同大小形状的纸盒子分拣到预定的分拣区域。

形状分拣方法的优势在于形状是物体的重要特征之一，能够提供直观而有效的分类依据。未来随着技术的发展，形状分拣方法将变得更加智能和高效，为自动化分拣系统带来更多的创新和便利。

1. 实验案例

实验案例：基于形状的分类与标记。

实例：在某条生产线上，需要根据不同形状实现对物品的分拣，这里假设所需分拣物品的形状为如下几种：圆形、方形和三角形。以下是一个基于形状识别的分拣系统部分示例代码：

```python
def shape_detection(contour):
    perimeter=cv2.arcLength(contour,True)
    approx=cv2.approxPolyDP(contour,0.04* perimeter,True)
    
    if len(approx)==3:
        return"Triangle"
    elif len(approx)==4:
        return "Square"
    elif len(approx)>4:
        return "Circle"
    else:
        return "Unknown"
```

```python
def object_sorting(input_image):
    gray_image = cv2.cvtColor(input_image, cv2.COLOR_BGR2GRAY)
    threshold_image=cv2.threshold(gray_image,127,255,cv2.THRESH_BINARY)
    contours,hierarchy=cv2.findContours(threshold_image,
                cv2.RETR_EXTERNAL,cv2.CHAIN_APPROX_SIMPLE)

    for contour in contours:
        shape=shape_detection(contour)

        if shape=="Triangle":
            # 分拣到三角形区域
            # do something
            pass
        elif shape=="Square":
            # 分拣到方形区域
            # do something
            pass
        elif shape=="Circle":
            # 分拣到圆形区域
            # do something
            pass
        else:
            # 无法识别的形状
            # do something
            pass
```

这个实验案例可以帮助理解如何使用机器视觉技术进行形状分类和标记，也可以根据需要进行修改和扩展，例如添加更多形状的判断条件、调整标记的颜色和样式或完善机械部分的操作与功能。

2. 代码与分析

1）Python 代码示例

```
# 读取图像
image=cv2.imread("object_image.jpg")

# 转换为灰度图像
gray=cv2.cvtColor(image,cv2.COLOR_BGR2GRAY)
```

```python
# 边缘检测
edges=cv2.Canny(gray,50,150)

# 寻找物体的轮廓
contours, hierarchy = cv2.findContours (edges, cv2.RETR_EXTERNAL, cv2.CHAIN_APPROX_SIMPLE)

# 然后基于形状,实现对待分拣物品的识别和分类
for contour in contours:
    # 进行形状逼近
    epsilon=0.02* cv2.arcLength(contour,True)
    approx=cv2.approxPolyDP(contour,epsilon,True)

    # 根据逼近的点的数量判断形状
    shape="Unknown"
    if len(approx)==3:
        shape="Triangle"
    elif len(approx)==4:
        shape="Rectangle"
    elif len(approx)==5:
        shape="Pentagon"
    # 其他形状的判断

    # 在图像上标记形状
    cv2.drawContours(image,[approx],0,(0,255,0),2)
    cv2.putText(image,shape,(approx.ravel()[0],approx.ravel()[1]), cv2.FONT_HERSHEY_SIMPLEX,0.5,(0,0,0),2)
```

2)代码示例解释

这段 Python 代码演示了如何使用 OpenCV 库来检测图像中的物体形状,并进行形状分类和标记。以下是代码的逐行解释:

```
image=cv2.imread("object_image.jpg")
```

读取图像,使用"cv2.imread"函数读取一张名为"object_image.jpg"的图像。

```
gray=cv2.cvtColor(image,cv2.COLOR_BGR2GRAY)
```

将图像转为灰度图。

```
edges=cv2.Canny(gray,50,150)
```

边缘检测：创建一个二值图像，其中包含了物体的边缘信息。

```
contours,hierarchy=cv2.findContours(edges,cv2.RETR_EXTERNAL,
cv2.CHAIN_APPROX_SIMPLE)
```

轮廓定位："contours"是一个包含轮廓坐标的列表。使用函数寻找物体边缘。

```
for contour in contours:
    epsilon=0.02* cv2.arcLength(contour,True)
    approx=cv2.approxPolyDP(contour,epsilon,True)
```

形状逼近：利用 cv 的基本方法进行轮廓的逼近，用"cv2.approxPolyDP"函数进行形状逼近。逼近的程度由"epsilon"参数控制，这里使用了 0.02 倍的轮廓周长。

```
shape="Unknown"
if len(approx)==3:
    shape="Triangle"
elif len(approx)==4:
    shape="Rectangle"
elif len(approx)==5:
    shape="Pentagon"
```

形状判断：根据逼近的点的数量来判断物体的形状。如果逼近有 3 个点，则将形状标记为"Triangle"，如果有 4 个点则标记为"Rectangle"，如果有 5 个点则标记为"Pentagon"，其他形状可以继续添加条件判断。

```
cv2.drawContours(image,[approx],0,(0,255,0),2)
```

轮廓构建：使用 cv2 库中的绘制函数在输入的图像上绘制轮廓，颜色为绿色，线宽度为 2 像素。

```
cv2.putText(image,shape,(approx.ravel()[0],approx.ravel()[1]),
cv2.FONT_HERSHEY_SIMPLEX,0.5,(0,0,0),2)
```

标记形状：使用"cv2.putText"函数在图像上标记物体的形状，形状名称显示在图像中央的位置。

这个代码示例演示了如何在图像中检测物体的形状并进行简单的形状分类和

标记。根据实际需要，也可以针对物体的实际形状添加更多的分类条件。这种技术在许多领域中都有应用，例如品质控制、自动化检测和机器人视觉等。

7.2.2 根据体积不同进行分拣

根据待分拣物品的体积差异实现分拣是利用工业视觉的方法进行分拣的一种常用手段。通过识别待分类物体的不同体积，系统可以将它们分别分拣到适当的位置或容器中，实现高效、准确的分拣。

物体体积信息获取：在基于体积的分拣系统中，物体的体积信息作为主要特征，需要通过相应传感器、相机和其他测量设备获取。例如，使用计量传感器或激光测距仪获得待分拣物体的长、宽、高，进而计算出物体的体积。视觉测量的方法也可以通过拟合待分拣物体的相关参数，得到物体的体积。

机器学习算法分类：利用机器学习算法，通过设定体积阈值，或者相关模型得到物体不同的分类信息，进而可以将待分拣物体分成不同的类别，最终根据所分类大小，实现分拣。也可以通过阈值方式，将待分拣物品的体积与提前设定好的信息进行比对，最终完成分类。

机械手分拣：根据物体的体积分类结果，分拣系统可以将物体送往相应的分拣通道或容器。这可以通过传送带、机械臂或其他自动化设备实现。分拣系统可以根据不同的体积阈值设置不同的分拣通道或容器，确保物体被正确分类和处理。这种分拣方法具有较高的准确性和灵活性，可以适应不同尺寸的物体分拣需求。

基于体积的分拣方法具有多重优势。首先，物体的体积信息可以较为准确地反映其实际大小，因此分类的准确性较高。其次，这种方法能够适应不同大小的物体，提高分拣的灵活性。然而，基于体积的分拣也面临一些挑战，例如需要准确的测量设备和算法，以及在不同尺寸范围内建立合适的分类策略。

实际在使用过程中，单一基于体积的分拣方式可能效果不佳，构建多特征融合的方式，将不同特征和体积信息进行有效结合，最终构建更能代表待分拣物品的本质特征信息，进而能够更加有效地将待分拣物品进行更准确的分类。

总之，基于体积的分拣方法是一种高效且准确的方法，能够实现自动化分拣过程，提高生产效率和质量控制水平。随着技术的不断发展，这种分拣方法将在更多领域得到应用，为物流、制造等行业带来更大的便利和效益。

1. 实验案例

实验案例：基于物体体积的分拣操作。

假设有一张包含不同物体的图像，并希望根据物体的体积信息进行分拣操作，以下是一个实验案例的代码示例：

```
def volume_classification(volume):
    if volume<a1:          # a1,a2 为设定的阈值
        return "Small"
    elif volume<a2:
        return "Medium"
    else:
        return "Large"


def object_sorting(image):
    # 获取物体的体积信息
    volumes=get_object_volumes(image)

    for volume in volumes:
        size=volume_classification(volume)

        if size=="Small":
            # 分拣到小件区域
            # do something
            pass
        elif size=="Medium":
            # 分拣到中件区域
            # do something
            pass
        elif size=="Large":
            # 分拣到大件区域
            # do something
            pass
```

通过这个实验案例，可以根据物体的体积信息进行分类和分拣操作。这种基于体积的分拣方法可以根据物体的大小来进行自动化分拣，提高分拣系统的效率和准确性。需要根据实际需求和分拣系统的设计进行适当的调整和定制。

2. 代码与分析

实验案例：基于超声波信号进行体积计算的分拣操作。

实际测量过程中也可以依托一些检测设备，通过获取的特殊信号，进而计算得到待分拣物体的体积。例如，利用超声波信号对待分拣物品进行体积的测量，并通过对应阈值的比较，确定待分拣物体的类型。代码如下：

```
#向待分拣物品发送超声波信号并计算回声时间
def get_distance():
    GPIO.output(TRIG,True)    % GPIO是定义的管脚
    time.sleep(0.00001)
    GPIO.output(TRIG,False)

    while GPIO.input(ECHO)==0:
        pulse_start=time.time()

    while GPIO.input(ECHO)==1:
        pulse_end=time.time()

    pulse_duration=pulse_end-pulse_start

    #使用声速计算距离
    distance=pulse_duration* 17150

    return distance

#下面是获取具体体积分类的代码形式：
    #获取距离
    dist=get_distance()

    #根据距离进行体积分类
    if dist<a1:                % a1和a2是根据具体情况确定的阈值
        volume="Small"
    elif dist>=a1 and dist<a2:
        volume="Medium"
    else:
        volume="Large"

    print(f"Distance:{dist} cm,Volume:{volume}")
    time.sleep(1)
```

这个代码示例展示了如何使用树莓派和超声波传感器进行距离测量，并根据测量结果进行简单的体积分类。

7.2.3 根据颜色特征进行分拣

颜色是视觉检测中最简单，但同时也是最常用的一种方法。图像通过颜色矩阵中不同像素值的大小而在图像中显示出了不同的物品，利用视觉的方式，对一些显著颜色区域进行区分，就可以在图像中实现对不同物体的区分，进而实现对物体的分拣。

在基于色彩特征的分拣系统中，首先需要使用相机或传感器获取待分拣物体的彩色图像。然后，同时配合不同的光源，由于产品生产线上，不同物品对颜色的吸收表现不同，可以用不同颜色的光打在物品上，然后通过图像处理技术，如色彩空间转换和颜色分布分析，系统可以提取出物体的颜色特征。常用颜色特征为颜色像素值大小、颜色的分布状态、主色调的值、饱和度等。

基于色彩特征的分拣方法需要根据具体应用场景确定相应的分拣策略。常见的分拣策略包括颜色识别和分类、颜色直方图法、颜色统计直方图等。颜色识别和分类方法通过对物体颜色特征的提取和分析，将物体分为不同的类别。颜色直方图法可以通过图像处理的方式，将直方图显示出来，然后利用不同物品直方图的颜色差异，即直方图中的区间范围，区分出不同颜色，进而完成分类。颜色统计直方图利用直方图的统计特性，得到不同物体的不同特点，进而进行差别化区分。

在实际应用中，分拣系统会根据物体的颜色特征，将其送往相应的分拣通道或容器。这种分拣方法具有多重优势。首先，颜色是物体最直观的特征之一，易于捕捉和识别。其次，颜色分类方法通常具有较高的准确性，能够实现高精度的分拣。此外，结合其他视觉特征（如形状、纹理等）和机器学习算法，可以进一步提高彩色分拣系统的性能和鲁棒性。

然而，基于彩色特征的分拣也面临一些挑战。例如，光照和背景干扰可能会影响颜色的提取和分析，从而导致分类不准确。为了解决这些问题，可以采用先进的图像处理技术和算法，如自适应阈值设置、色彩校正等。

总之，基于色彩特征的分拣是一种高效且准确的方法，能够实现自动化分拣过程，提高生产效率和质量控制水平。随着技术的不断发展，这种分拣方法将在更多领域得到应用，为物流、制造等行业带来更大的便利和效益。

1. **实验案例**

实验案例：基于物体颜色的分拣操作。

假设有一张包含不同物体的图像，并希望根据物体的颜色信息进行分拣操作，以下是一个实验案例的代码示例：

```python
def color_classification(color):
    if color=="color1":
        return "Category 1"
    elif color=="color2":
        return "Category 2"
    elif color=="color3":
        return "Category 3"
    else:
        return "Unknown"


def object_sorting(image):
    #提取物体的颜色信息
    colors=extract_object_colors(image)

    for color in colors:
        category=color_classification(color)

        if category=="Category 1":
            #分拣到1类区域
            #do something
            pass
        elif category=="Category 2":
            #分拣到2类区域
            #do something
            pass
        elif category=="Category 3":
            #分拣到3类区域
            #do something
            pass
```

通过这个实验案例,可以根据物体的颜色信息进行分类和分拣操作。这种基于颜色的分拣方法可以根据物体的特定颜色属性来进行自动化分拣,提高分拣系统的效率和准确性。需要根据实际需求和分拣系统的设计进行适当的调整和定制。

2. 代码与分析

Python 代码示例:

```
# 定义颜色范围,在 HSV 空间中表示。'lower_red'和'upper_red'是红色的最低和最高 HSV 值。
lower_red=np.array([0,a1,a1])        # a1=100 在红色通道内
upper_red=np.array([10,a2,a2])       # a1=255 在红色通道内

# 读取图像
image=cv2.imread("detected_image.jpg")

hsv=cv2.cvtColor(image,cv2.COLOR_BGR2HSV)

# 提取颜色区域
mask=cv2.inRange(hsv,lower_red,upper_red)

# 对颜色区域进行形态学操作,使用'cv2.inRange'函数根据颜色范围创建一个掩码
(mask),掩码中红色物体部分将变为白色,其他部分为黑色。
kernel=cv2.getStructuringElement(cv2.MORPH_ELLIPSE,(5,5))
mask=cv2.morphologyEx(mask,cv2.MORPH_OPEN,kernel)

# 寻找物体的轮廓,这里使用椭圆形的内核来运算,去除小的噪点或连接小的分离区域。
contours,_=cv2.findContours(mask,cv2.RETR_EXTERNAL,cv2.CHAIN_APPROX_SIMPLE)

# 对每个轮廓进行颜色分类和分拣
for contour in contours:
    # 遍历轮廓,计算面积
    area=cv2.contourArea(contour)

    # 根据面积阈值进行颜色分类,将轮廓分为"color 1"和"Not color 1"两种颜色分类
    if area>面积区域大小的参数:
        color="color 1"
    else:
        color="Not color 1"
```

```
# 在图像上标记颜色分类结果
rect=cv2.minAreaRect(contour)

# 返回顶点坐标。
box=cv2.boxPoints(rect)

box=np.int0(box)
cv2.drawContours(image,[box],0,(0,255,0),2)
x,y,_,_=cv2.boundingRect(contour)
# 将顶点坐标转换为整数,以便绘制轮廓。使用 cv2.drawContours 函数绘制最
小外接矩形,[box]表示输入的轮廓,颜色是绿色,线宽为一般选择 2 像素。
cv2.putText(image,color,(x,y-10),cv2.FONT_HERSHEY_SIMPLEX,
                                                  0.5,(0,0,0),2)
```

这个代码示例演示了如何在图像中检测物体颜色并进行简单的颜色分类和标记。根据需要,可以修改颜色范围和面积阈值,以适应不同的图像和应用场景。这种技术在自动化视觉检测和分类方面具有广泛的应用,例如工业生产线上的物体分类或机器人视觉导航等。

小 结

机器视觉在分拣系统中的应用呈现多层次的功能,包括物品的快速识别与分类、准确的位置检测以及缺陷的敏感检测。

进一步拓展至根据物品形状、体积和彩色特征等多方面特性的差异进行精细化分拣。这种综合应用提高了系统的自动化程度,为分拣领域的效率和准确性注入了新的活力。

习 题

1. 机器视觉在分拣系统中的应用主要包括哪些方面?简要描述每个方面的作用和优势。

2. 设计一个程序,用于检测图像中的颜色。给定一张彩色图像,程序应该能

够识别并输出图像中包含的主要颜色及其数量。

3. 编写一个程序，实现对图像中物体的位置检测。给定一张包含物体的图像，程序应该能够检测并标记出每个物体的位置坐标。

4. 设计一个机器视觉程序，实现对不同形状物体的识别和分类。要求程序能够从输入的图像中检测并标记出三角形、方形和圆形物体，并输出它们的数量和位置信息。

5. 设计一个机器视觉程序，实现对工件尺寸的测量。给定一组工件图像，程序应该能够测量出工件的长度、宽度和高度，并输出相应的尺寸信息。可以考虑使用边缘检测和形状拟合等技术来实现工件尺寸的测量。

6. 编写一个机器视觉应用，用于检测工业产品的外观质量。给定一组产品图像，程序应该能够识别出产品上的缺陷和瑕疵，并将其标记出来。可以考虑使用特征提取和模式识别等技术来实现外观质量的检测。

7. 开发一个机器视觉系统，用于自动分拣水果。系统应能够识别并分类不同种类的水果，如苹果、香蕉和橙子，并将它们分拣到相应的容器中。考虑使用颜色识别和形状分析等技术来实现水果的自动分拣。

第 8 章

基于机器视觉的导航

无人设备的自主导航技术是指机器能够独立感知周围环境，规划行动路线，避免与障碍物相撞，并最终到达指定目的地，而无须人类干预。为了成功完成任务，这些设备必须准确了解自身状态，包括位置、导航速度、航向，以及出发地和目的地。迄今为止，该领域的研究者们已经提出了多种导航方法，可以大致分为三种：惯性导航、卫星导航和基于视觉的导航。

如今，计算机视觉技术发展迅速，有了该技术的支持，基于视觉的导航技术也愈加成熟，逐渐成为自主导航研究的主要方向。机器视觉结合了计算机科学、图像处理、光学成像等多个领域的技术和方法，以实现对图像和视频数据的分析、理解和处理。而在视觉导航领域中，机器视觉技术可以通过获取、处理和分析图像信息，实现对环境的感知、识别和定位等操作。

本章首先介绍无人设备导航技术的基本内容，并对机器视觉的概念进行说明。之后介绍基于视觉 SLAM 的机器导航方法，同时列出无人设备避障领域的相关主流方案。接着使用 Python 语言，给出无人设备基于机器视觉实现按照线路的标识进行导航和根据实时状况进行导航两个实例。

【学习目标】

◎了解无人设备导航领域的基本内容、机器视觉技术的基本概念以及无人设备避障的原理和主流方案。

◎理解视觉 SLAM 的原理，以深度相机为例，通过一个 ROS 实例学习视觉 SLAM 导航的实现方式。

◎掌握基于机器视觉的导航实现方法，能够使用相关技术实现具体任务需求。

8.1 无人设备导航绪论

8.1.1 概述

机器视觉技术的核心流程包括图像采集、预处理、特征提取和目标分类等几个环节。图像采集环节是机器视觉的基础,指使用传感器获取周围环境的图像信息。接下来,预处理阶段旨在优化图像,包括去噪和滤波等操作,以便为后续特征提取做好准备。之后的特征提取是关键步骤,通过特征提取算法,可以从图像中提取目标物体的特征值。最后,目标分类环节通过将提取的特征值与预设的模型进行比对,从而实现对目标物体的分类识别。

基于机器视觉的导航在多方面具有显著优势。首先,视觉传感器能够实时提供丰富的环境信息,为导航系统提供了广泛而详细的场景感知能力;其次,视觉传感器具备高度的灵敏性和良好的抗干扰能力,使其能够有效应对动态环境的变化。

8.1.2 视觉传感器

视觉导航采用视觉传感器,与传统的传感器,如 GPS、激光雷达和超声波传感器相比,视觉传感器的优势在于其能够捕获丰富的环境信息,包括颜色、纹理等视觉信息。此外,它们通常成本较低且易于部署,因此基于视觉的导航已成为研究领域的焦点。

视觉传感器通常包括单目相机、深度相机、立体相机和鱼眼相机等。单目相机在紧凑性和最小重量优先的应用需求中非常适用,并且价格相对较低且易于部署,因此它们成为无人设备的不错选择。然而,单目相机存在一个局限,即无法提供深度信息;深度相机可以精确地测量场景中物体的距离,获取物体的三维信息,而不仅仅是它们的表面图像。这使得深度相机在诸如虚拟现实、增强现实等领域有着广泛的应用;立体相机实际上是将一对相同的单目相机安装在一起,因此不仅具备单目相机的所有功能,而且可以借助两个视图之间的视差信息来估计深度图,这是其额外的优点;鱼眼相机则是单目相机的一种变体,具有广角视野,这使其非常适合应用在复杂环境的避障任务中。这些不同类型的视觉传感器可以用于感知和理解环境，从而支持无人设备的自主导航。

8.1.3 视觉定位与制图

根据导航、视觉定位和地图系统在环境和先验信息使用方面的不同，可以大致分为三类系统：无地图系统、基于地图的系统和地图构建系统。

无地图系统在没有先验地图的情况下进行导航。此时，无人设备主要靠提取已观察到的环境特征进行导航。目前，最常用的无地图系统方法包括光流方法和特征跟踪方法。这些方法使无人设备能够根据感知到的环境变化来实时调整其运动，以避开障碍物并达到预定目标。在这种情况下，无人设备必须根据即时视觉信息来进行决策，而不依赖于预先构建的地图。

基于地图的系统通过事先定义环境的空间布局，使无人设备具备绕行和路径规划的能力。通常有两种主要类型的地图：八叉树地图和占用栅格地图，不同类型的地图可以包含不同程度的细节。这些地图为无人设备提供了关于其周围环境的有用信息，以便它们能够进行导航、路径规划和避开障碍物。

有时，由于环境的限制或紧急情况（例如抢险救灾等任务），可能无法使用该环境原有的地图。此时，在设备移动的同时构建地图将是一个更高效的解决方案。地图构建系统已被广泛应用于自主和半自主领域，并且随着视觉同步定位和建图（visual SLAM）技术的快速发展，变得越来越受欢迎。这些系统允许无人设备在移动时实时地创建、更新和完善地图，以支持其自主导航和路径规划。

8.1.4 障碍物检测与避障

避障是自主导航的核心组成部分，因为它可以探测并提供周围障碍物的信息，从而降低碰撞的风险，减少操控者的潜在误操作。这一功能显著提高了无人设备的自主性，使其能够更加安全和可靠地进行导航和任务执行。避障方法可以分为两种：基于光流的方法和基于 SLAM 的方法。

8.1.5 路径规划

路径规划在无人设备导航中扮演着至关重要的角色。它的目标是根据不同性能指标，如最低工作成本、最短移动时间或最短移动路径，找到从起点到目标点的最佳路径，并确保避开障碍物。在不同的环境信息下，通常路径规划问题又会分为全局路径规划法和局部路径规划法两种实现方式。这些路径规划方法有助于无人设备有效地导航和执行任务。

在全局路径规划方法中，通常会用到静态地图，其中包括起始位置和目标位置的信息，以计算初始路径。这种地图代表了环境的静态特征。除了地图以外，该方法也会用到一些算法，如启发式搜索方法等。这类算法能够有效地处理不同类型的地形和复杂环境，以实现可靠的导航。

局部路径规划依赖于局部环境信息和无人设备自身的状态估计，其目标是在运行过程中能够做到实时规划路径并避免碰撞。在这种要求下，周围环境的不稳定信息使局部路径规划成为一个高度复杂的问题。此时，路径规划算法需要适应环境的动态特性，并通过各种传感器获取关于未知环境部分的信息，如物体的大小、形状和位置等，以确保无人设备能够在不发生碰撞的情况下有效地导航。这种适应性和实时性是动态环境中路径规划的关键挑战。

8.1.6 应　　用

无人设备自主导航技术应用十分广泛，可以应用于智能家居、无人驾驶、智能仓储、物流配送、智慧医疗、工业自动化等多个领域。在智能家居领域，自主导航机器人可以承担家庭清洁和维护任务，使家庭更加清洁和整洁。在无人车领域，无人车辆能够自主驾驶，执行各种交通运输任务，包括货物运输和人员移动。而在智能仓储和物流配送领域，自主导航机器人的应用使仓库操作更加高效，提高了物流效率，降低了成本。这些应用领域中的自主导航技术正在推动自动化和智能化的发展，为各种任务提供更高的效率和便利性。

随着人工智能技术不断发展，无人设备自主导航技术的应用前景将持续扩大。目前，机器人自主导航技术的研究方向正不断扩展，其中，基于深度学习的模式识别算法、语义地图构建以及先进的视觉传感技术成为研究的热点。未来，随着机器人自主导航技术的深入研究和发展，自主服务机器人的完善将改变我们的生活和生产方式。这些技术将推动自动化和智能化的浪潮，为各个行业带来更多机遇和创新。

8.2 机器视觉概念介绍

机器人视觉系统通常由多个模块组成，包括但不限于：

（1）光学系统：包括光源、镜头和相机。光源负责提供照明；镜头负责聚焦光线到相机；相机则用于采集环境图像。

（2）图像采集单元：是相机或其他图像传感器，用于捕获环境的图像或视频数据。

（3）图像处理单元：负责处理从图像采集单元获取的图像数据。其中的图像滤波、特征提取、目标识别、物体跟踪、深度感知等算法，可以从图像中获取有用信息。

（4）运动控制部分：包括执行机构，用于响应图像处理部分提供的指令。这可能是机器人的运动控制、定位或操作执行部分。

（5）人机交互模块：通过添加触摸屏、语音识别、传感器数据显示等，实现用户与机器设备完成交互。

8.2.1 视觉成像部分

通常情况下，视觉成像部分会包含照明设备、镜头装置、摄像机和图像采集卡等必要的设备。

1. 照明

照明在机器视觉系统中扮演着至关重要的角色，因为它直接影响了摄像机捕获到的数据质量。因此，在选择任务所需的照明设备时，需要慎重考虑。判断光源的效果可以参考以下几个标准：

（1）凸显被检测物体的对比特征。

（2）确保稳定性和明亮度。

（3）当物体移动时，不会影响图像的质量。

常见的光源包括 LED 灯、氙灯、荧光灯、白炽灯等几种类型。使用照明光源提升目标特征时，要考虑两个因素：

（4）光谱：选择合适的照明光源，使得反射出的光谱范围能展现出所需的特定特征。

(5) 照明朝向：若照明产生的光线以漫反射作用在目标物上，则光的强度在不同角度上都基本相同；若使用照明设备直射目标物，则光会在指定范围内集中。如有需要，可使用特殊设备产生单向平行光来满足某些特定照明任务。

2. 镜头

镜头是光学设备中的一个重要部件，主要用于聚焦光线，以便在光学应用中捕捉、观察或改善图像。在机器视觉中，镜头是至关重要的组成部分。镜头负责捕捉物体或场景的光学图像。它将光线聚焦到机器视觉系统的传感器或摄像头上，以产生数字图像或视频流。镜头的选择决定了视野范围，从而影响到机器视觉系统对周围环境的感知能力。不同焦距的镜头提供不同的视场大小，适用于不同的应用场景。

3. 摄像机

摄像机是一种用于捕捉和记录视觉信息的设备。它通过使用光学镜头和传感器来收集光线，并将其转换为电子信号，以记录图像或视频。

4. 图像采集卡

图像采集卡是一种用于从摄像头、摄像机或其他视频源中捕获图像或视频信号的设备。它通常是一块安装在计算机内部的扩展卡，也有外部连接到计算机的版本。图像采集卡的主要作用是将模拟视频信号转换为数字信号，然后传输到计算机中进行处理、存储和显示。

8.2.2　图像处理部分

图像处理通常在个人计算机（PC）上进行，但在工业领域，更多的情况下会选择工业控制计算机（工控机），因为它们具有更高的稳定性，同时还具备成本优势。

近年来，嵌入式硬件领域也经历了蓬勃的发展，许多工厂和企业在面对小规模需求（例如控制几百个开关和进行状态监控）时，已经开始广泛采用开源硬件，如树莓派等。这些嵌入式开源硬件平台提供了成本效益高、灵活性强、易于定制的解决方案，使得工厂能够满足特定需求，同时降低了投资成本。

8.2.3 运动控制部分

精度的校准是控制运动设备或机器人时的一个重要方面。它涉及对控制系统的参数调整和校准，以确保所控制的设备或机器人能够精确地执行预定的动作或任务。这包括对传感器的校准、控制算法的优化以及运动控制系统的反馈调节等。

在研究和实践过程中，建议初学者注重对控制系统的理解和调试能力的培养。深入了解运动控制原理、控制算法和反馈机制，以及学习如何使用相关工具进行精度校准和调整，这将有助于提高运动控制系统的稳定性和精度，满足不同应用场景的要求。

8.2.4 总　　结

除了以上三点，整体方案的构建能力也至关重要。这需要将各个组件协调一致，以满足实际需求，并将系统与实际场景紧密联系起来。在构建整体方案时，需要深刻理解设备和组件之间的相互关系，这包括对硬件和软件的理解，以确保它们协同工作，而不会出现冲突或不一致。此外，还需理解各个组成部分之间的衔接和关系，包括如何传递数据、控制信号以及确保各个组件按照预期工作。整合各个部分需要考虑到如何使它们相互协作，以实现项目的目标。整体方案的构建能力需要通过多个项目的实际经验来积累，只有通过实践，才能够提供出一个有效的、稳定的解决方案，以满足实际的工作需求。

基于机器视觉的导航在实际应用中也会面临一些挑战。因为成像环境受到季节、光照、视角、传感器等因素的影响，这可能导致导航性能的波动。此外，处理大规模地图的构建和搜索也是一个需要解决的问题。近年来，随着人工智能技术的快速发展，许多研究机构已开始研究这些问题，并进行了实际数据采集和应用挑战赛，如国际计算机视觉大会（ICCV）等会议推出的场景识别比赛。

未来，我们可以借鉴自动驾驶、商用无人机、机器人等领域的先进技术，结合所使用的传感器特性、用户需求和计算资源等，来进一步研究和测试机器视觉导航系统。这将有助于提高系统的鲁棒性和适用性。

8.3 基于视觉 SLAM 的机器导航介绍

8.3.1 视觉 SLAM 原理

同时定位与建图（simultaneous localization and mapping，SLAM），主要有激光 SLAM 和视觉 SLAM 两种形式，本章节只介绍视觉 SLAM 内容。

视觉 SLAM 系统通常由五个关键模块组成，包括相机传感器模块、前端模块、后端模块、闭环线程模块和建图模块，如图 8-1 所示。

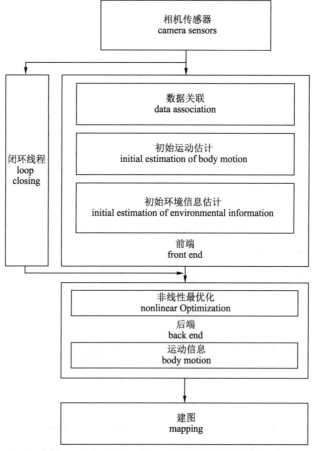

图 8-1 典型的视觉 SLAM 系统结构示意图

这些模块协同工作以实现 SLAM 的目标：

（1）相机传感器模块：该模块负责收集环境的图像数据。相机传感器是 SLAM 系统的眼睛，它捕捉周围环境的视觉信息。

（2）前端模块：该模块负责跟踪连续的图像帧之间的特征点，以实现初始的相机运动估计和局部地图建立。这个模块帮助系统了解相机的位置和方向。

（3）后端模块：该模块负责对前端产生的数据进行数值优化，进一步提高相机运动估计的准确性。这个模块可以减小误差，并提供更精确的地图和轨迹信息。

（4）闭环线程模块：该模块的主要任务是利用计算机视觉技术来检测和校正累积误差。它通过分析不同时刻或不同位置采集到的图像数据，以及它们之间的相似性，来识别系统在环境中的位姿。

（5）建图模块：建图模块负责将捕获的图像数据用于重建周围环境的三维地图。这个模块产生地图，记录了系统所探测到的环境特征和结构。

这五个模块共同协作，使 SLAM 系统能够实时定位自身并构建环境地图，从而在无 GPS 或其他外部定位系统的情况下实现导航和定位。

8.3.2 使用 ROS 实现视觉 SLAM 导航实例

机器人操作系统（robot operating system，ROS）是专为机器人软件开发所设计出来的一套计算机操作系统架构。本节以一个简单的"使用 ROS 实现无人设备通过视觉 SLAM 进行建图与导航"实例，展示相关工作的基本过程，具体实施时，需按实际需求添加更多其他工作模块。相关内容推荐使用 VSCode 这类软件来实现。

1. 视觉 SLAM 建图

```
# 启动基础控制
roslaunch ros_arduino_python Arduino.launch &
sleep 5   # 等待5s,确保 Arduino 节点启动完成(时间可根据实际情况调整)
# 启动相机
roslaunch robot_vslam camera.launch &
sleep 5   # 等待5s,确保相机节点启动完成(时间可根据实际情况调整)
# 启动相关依赖库
roslaunch robot_vslam rtabmap_rgbd.launch &
```

```
sleep 5   # 等待5s,确保 RTAB-Map 节点启动完成(时间可根据实际情况调整)
# 打开 RViz 终端
roslaunch robot_vslam rtabmap_rviz.launch &
sleep 5   # 等待5s,确保 RViz 启动完成(时间可根据实际情况调整)
# 启动建图程序
cd mapping_nav_sh
sh mapping.sh
sleep 10  # 等待10s,确保建图程序启动完成(时间可根据实际情况调整)
# 查看点云地图
cd ~/perception_map
pcl_viewer jueying.pcd
```

执行上述代码后,就能完成三维点云地图的构建。

```
# 如有需要可将三维点云地图转化为栅格地图
cd ~/mapping_nav_scripts
./gridmap.sh
```

执行上述代码后,就能完成栅格地图的转换。

2. 视觉 SLAM 导航

建图完成后,接下来执行导航:

```
# 启动定位导航程序
cd ~/mapping_nav_scripts
./nav.sh
# 启动键盘控制程序
rosrun teleop_twist_keyboard teleop_twist_keyboard.py
# 用户查看和控制 rviz
roslaunch robot_vslam rtabmap_rviz.launch
```

RViz 可视化交互界面是 ROS 的工具之一。该界面的使用方法为(此处仅给出操作示意。具体操作以实际要求为准):

(1)首先,用户需要手动标记无人设备的初始位置:先按【P】键,然后在 RViz 界面上用鼠标给定初始位置与方向。如果标记的初始位置不准确,则需要多次标记初始位置,直到传感器扫描数据与地图基本重合。

(2)然后,用户需要给定目标位置,即机器人将要到达的目的地:先按【G】键,然后在 RViz 界面用鼠标给定目标位置与方向。此时 RViz 界面会出现一条路径，表示机器人规划的运动轨迹。

（3）最后，用户在手柄控制端把工作模式切换到导航模式，触发机器人执行自主导航任务，全自主去往目的地。

执行完以上步骤，就可以在地图中指定目标点让无人设备导航过去了。

8.4 无人设备自主避障方案

8.4.1 概　　述

无人设备自主避障技术涵盖了多个关键领域的集成，其中包括传感器技术、定位与深度学习、高精度地图构建、路径规划、障碍物检测与规避策略、机械控制、系统集成与优化、能源消耗与散热管理等。尽管不同的无人设备在具体实施上可能存在差异，但它们在整体系统架构上有着相似之处。

在无人设备自主行驶领域，一般会首先使用视觉方法来识别周围的物体，然后相应地调整行驶计划。实现对设备周围环境的准确感知对于无人驾驶技术至关重要。无人驾驶系统采用了多种传感器用于获取关于周围环境的丰富信息，包括障碍物的位置、形状、距离和运动状态等。

8.4.2 无人设备避障

无人设备自主避障技术涉及以下关键步骤：

（1）运动障碍物检测：使用设备携带的环境感知系统，检测运动中的障碍物，这是避免碰撞的第一步；

（2）碰撞轨迹预测：评估检测到的障碍物，判断它们与无人设备之间的碰撞风险。这是在检测到障碍物后，机器需要判断是否会发生碰撞的重要步骤；

（3）运动障碍物避障：通过智能决策和路径规划，使无人设备安全地避开障碍物。这一步需要路径决策系统来执行，确保设备能够成功避免与障碍物的碰撞。

1. 运动障碍物检测

无人设备自主避障通常使用两类传感器进行障碍物检测：

1）基于激光雷达和毫米波雷达的传感器：

（1）地图差分法：通过比较设备的相对位置和高精度地图上的障碍物位置，检测障碍物的运动信息。静态障碍物在全局坐标系中位置保持不变，而动态障碍物位置会随时间变化。

（2）实体类聚法：将同一类障碍物的点云数据聚合在一起，通常使用长方体或多边形体来描述车辆、自行车、行人等不同类型的障碍物。

（3）目标跟踪法：通过目标跟踪、获取障碍物的运动信息，特别是在多目标环境下，需要考虑数据的关联和激光雷达传感器的误差。

2）基于立体视觉的传感器

（1）网格划分法：将环境地图划分为多个网格，通过场景流分割和光流分析，检测像素级的对应关系，例如估算像素之间的位移。

（2）场景流分割与光流：场景流分割是指基于光流信息对图像进行分割或分区，从而获得场景中不同运动区域的方法。场景流分割有助于将动态场景中不同运动物体或不同的运动区域分割出来，提取有意义的运动目标或区域；光流是描述相邻帧之间像素运动的技术。光流可以帮助理解图像中的运动模式，例如物体的运动轨迹、速度和方向等信息。

（3）集合聚类：将三维空间中的点云数据根据几何形状进行聚类，以便检测和识别不同类型的障碍物。

2. 运动障碍物碰撞轨迹预测

在无人设备的运行过程中，需要实时做到识别并跟踪检测多个运动目标。计算机视觉领域广泛采用卷积神经网络（CNN），显著提高了物体识别的准确率和速度。尽管如此，在一些特殊情况下，物体识别算法的输出还是会存在一些问题，如不稳定的识别结果、物体遮挡、短暂误识别等，这些问题会引入噪声。

对障碍物的运动轨迹预测，有以下三类方法：

（1）静态处理：这种方法假设障碍物的位置和状态在未来不会发生变化，即不考虑任何运动特性，因此在效果上相对较差。

（2）假设状态保持不变：这个方法假设障碍物将继续以其当前的运动状态前进，适用于直道上匀速行驶的场景。然而，对于复杂的行驶情况，这种假设可能不准确。

(3)概率轨迹模拟法:这是对前两种方法的改进,它试图对障碍物的未来运动轨迹进行预测。通过考虑高精度地图或道路结构等先验信息,可以获得更准确的预测结果。这种方法使用概率模型来描述不确定性,并更灵活地适应各种行驶情况。

3. 运动障碍物避障

运动避障(motion planning)指在机器人、无人车辆或其他自主移动系统面临未知障碍物或动态环境的情况下,规划一条安全、有效的路径,使其能够从起始位置到目标位置而避免与障碍物碰撞。为了实现这一目标,可以采用以下几种典型方法:

(1)人工势场法:该方法将机器人和障碍物视为两个带电物体,根据两者之间的相互作用力来规划机器人的运动轨迹。通过调整机器人与障碍物之间的相互作用力,可以避免机器人与障碍物发生碰撞。

(2)反应式避障法:这种方法基于感知到的障碍物信息来重新规划路径。当机器人的传感器检测到前方存在障碍物时,会根据障碍物的位置和形状重新规划机器人的运动轨迹,以避免与障碍物发生碰撞。

(3)区域划分法:该方法将机器人周围的环境划分为安全区域和可能碰撞区域。在规划路径时,机器人会尽量选择安全区域内的路径,以避免进入可能碰撞区域。通过合理划分安全区域和可能碰撞区域,可以找到一条无碰撞的路径。

8.5 使用 Python 实现无人设备按照线路的标识进行导航

本节使用 Python 实现一个简单的"无人设备按照线路标识进行导航"的实例,展示相关工作的基本过程,具体实施时,需按实际需求添加更多其他工作模块。相关内容推荐使用 Pycharm 这类软件来实现。

8.5.1 通过 Python 创建 ROS 节点

首先制作一个客户端用于监听待发送信号的目标。之后创建目标对象"goal",并赋值,准备发送给对应的服务端。最后等待服务端反馈刚发送的目标执行情况，调用客户端发送程序，接收反馈的结果。相关代码如下：

```python
import rospy
import actionlib
from actionlib_tutorials.msg import FibonacciGoal, FibonacciAction
def fibonacci_client():
    rospy.init_node('fibonacci_client_py')
    client=actionlib.SimpleActionClient('fibonacci', FibonacciAction)
    client.wait_for_server()
    goal=FibonacciGoal(order=20)
    client.send_goal(goal)
    client.wait_for_result()
    return client.get_result()
if __name__=='__main__':
    try:
        result=fibonacci_client()
        print("Result:", ', '.join([str(n) for n in result.sequence]))
    except rospy.ROSInterruptException:
        print("Program interrupted before completion", file=sys.stderr)
```

8.5.2 发布导航线路标识点

编写发送导航标识点程序，并定义四个发送目标点的对象。相关程序如下：

```python
import rospy
import actionlib
from move_base_msgs.msg import MoveBaseAction,MoveBaseGoal
def send_goals_python():
    rospy.init_node('send_goals_python',anonymous=True)
    client=actionlib.SimpleActionClient('move_base', MoveBaseAction)
    client.wait_for_server()
    goals=[
        [1.84500110149,-0.883078575134,-0.306595935327,0.951839761956],
        [3.24358606339,0.977679371834,0.647871240469,0.761749864308],
        [2.41693687439,1.64631867409,0.988149484601,0.153494612555],
        [-0.970185279846,0.453477025032,0.946238058267,-0.323471076121]
    ]
    for i,goal in enumerate(goals,1):
        goal_msg=MoveBaseGoal()
        goal_msg.target_pose.pose.position.x=goal[0]
```

```
        goal_msg.target_pose.pose.position.y=goal[1]
        goal_msg.target_pose.pose.orientation.z=goal[2]
        goal_msg.target_pose.pose.orientation.w=goal[3]
        goal_msg.target_pose.header.frame_id="map"
        goal_msg.target_pose.header.stamp=rospy.Time.now()
        client.send_goal(goal_msg)
        rospy.loginfo("Sending Goal % s..."% i)
        wait=client.wait_for_result(rospy.Duration.from_sec(30.0))
        if not wait:
            rospy.loginfo("Goal % s Planning Failed for some reasons"% i)
        else:
            rospy.loginfo("Goal % s achieved success!!!"% i)
    return "Mission Finished."

if __name__=='__main__':
    result=send_goals_python()
    rospy.loginfo(result)
```

8.5.3 程序示例效果

使用 Python 程序发送导航线路标识点 A、B、C、D，就可以让无人设备根据线路标识点位置进行导航移动，示意图如图 8-2 所示。

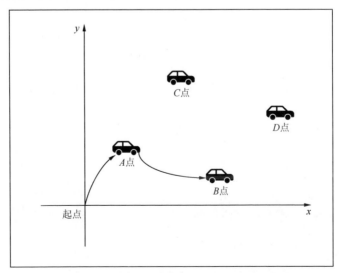

图 8-2 无人设备按照线路标识导航效果示意图

8.6 使用 Python 实现无人设备根据实时状况进行导航

本节使用 Python，实现一个简单的"无人设备根据实时状况进行导航"的实例，展示相关工作的基本过程，具体实施时，需按实际需求添加更多其他工作模块。相关内容推荐使用 Pycharm 这类软件来实现。

要实现无人设备根据实时状况导航，即要实现无人设备可以动态规划移动路径避免碰撞，相关代码如下：

```python
import math
from enum import Enum
import matplotlib.pyplot as plt
import numpy as np
show_animation=True
class RobotType(Enum):
    circle=0
    rectangle=1
class Config:
    def __init__(self):
        #机器人参数
        self.max_speed=1.0    # [m/s]
        self.min_speed=-0.5   # [m/s]
        self.max_yaw_rate=40.0* math.pi/180.0   # [rad/s]
        self.max_accel=0.2    # [m/ss]
        self.max_delta_yaw_rate=40.0* math.pi/180.0   # [rad/ss]
        self.v_resolution=0.01   # [m/s]
        self.yaw_rate_resolution=0.1* math.pi/180.0   # [rad/s]
        self.dt=0.1   # [s]
        self.predict_time=3.0   # [s]
        self.to_goal_cost_gain=0.15
        self.speed_cost_gain=1.0
        self.obstacle_cost_gain=1.0
        self.robot_stuck_flag_cons=0.001
        self.robot_type=RobotType.circle
        self.robot_radius=1.0   # [m]
```

```
        self.robot_width=0.5     # [m](ifrobot_type==RobotType.rectangle)
        self.robot_length=1.2    # [m](ifrobot_type==RobotType.rectangle)
        self.obstacles=np.array([[-1,-1],[0, 2],[4.0, 2.0],[5.0, 4.0],
[5.0,5.0],[5.0,6.0],
                                 [5.0, 9.0], [8.0, 9.0], [7.0, 9.0], [8.0,
10.0],[9.0, 11.0],
                                 [12.0, 13.0], [12.0,12.0], [15.0,15.0],
[13.0,13.0]])
    def motion(x, u, dt):
    def calc_dynamic_window(x,config):
    def predict_trajectory(x_init,v,y,config):
    def calc_obstacle_cost(trajectory,ob,config):
    def calc_to_goal_cost(trajectory,goal):
    def dwa_control(x,config,goal,ob):
    def calc_control_and_trajectory(x,dw,config,goal,ob):
    def plot_arrow(x,y,yaw,length=0.5,width=0.1):
    def plot_robot(x,y,yaw,config):
    def main(gx=10.0,gy=10.0,robot_type=RobotType.circle):
        #主函数,模拟机器人运动过程
    if __name__=='__main__':
        main(robot_type=RobotType.rectangle)
        #main(robot_type=RobotType.circle)
```

图 8-3 是在二维环境下，无人设备使用视觉模块，动态检测障碍物并进行避障导航的移动轨迹效果示意图。

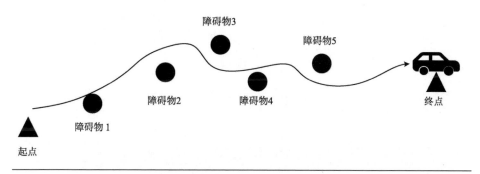

图 8-3　无人设备根据实时状况进行导航效果示意图

小　结

本章首先介绍无人设备导航技术的基本内容，并对机器视觉的概念进行说明。之后介绍基于视觉 SLAM 的机器导航方法，同时列出无人设备避障领域的相关主流方案。接着使用 Python 语言，给出无人设备基于机器视觉，实现按照线路的标识进行导航，和根据实时状况进行导航两个实例。

习　题

1. 使用 Python 语言，设计一个机器视觉导航程序，要求自行规划测试小车的行驶路线，并设置小车路线上的参考标识位置，最后给出测试小车的实际运行效果。

2. 使用 Python 语言，设计一个机器视觉避障程序，要求自行设置测试小车的起始点与终点，并设置障碍物位置，最后给出测试小车的避障运行效果。

第 9 章
基于深度学习的机器视觉的应用

随着信息技术的迅猛发展和计算能力的不断提升,深度学习已经成为机器视觉系统中最具影响力和应用潜力的技术之一。深度学习算法以其卓越的性能和灵活性,在图像识别、目标检测、图像生成等任务中取得了令人瞩目的成果。

【学习目标】

◎了解深度学习的概念与实际意义。

◎掌握深度学习步骤和方法,可以更好地设计和优化深度学习模型。

◎理解深度学习在解决实际问题中的作用和局限性,并不断改进和优化系统性能。

9.1 深度学习介绍与环境搭载

深度学习是机器学习领域中的一个重要分支,它模仿人脑神经网络系统的结构和功能,通过多层次的神经网络模型来进行学习和推理。深度学习的核心思想是通过大规模的数据集和强大的计算能力,让计算机从数据中学习表示和抽象特征,以实现各种复杂任务的自动化处理。

本节在深度学习相关概念的基础上,重点介绍环境的搭载步骤以及 Pycharm 平台如何使用搭载的深度学习环境来实践项目。

9.1.1 深度学习的特点概述

相对于传统机器学习算法,深度学习具有以下几个显著特点:

1. 多层次的表示学习

深度学习模型由多个层次组成，每一层都可以学习到数据不同的抽象特征。通过逐层学习和组合这些特征，深度学习模型可以建立更加复杂的表达能力，提高对数据的理解和处理能力。

2. 端到端学习

深度学习模型通常采用端到端的学习方式，直接从原始输入数据开始学习，通过优化模型参数，自动地学习输入与输出之间的映射关系。这样的学习方式可以减少手工特征工程的需求，使得模型在更广泛的任务上具有适应性和泛化能力。

3. 大规模数据的需求

深度学习模型通常需要大量的标注数据来进行训练，以获取高质量的模型表示。通过大规模数据的训练，深度学习模型可以学习到更加丰富和通用的特征表示，提高了模型的性能和鲁棒性。

4. 强大的计算能力

深度学习算法对计算资源的需求较高，特别是在训练阶段需要进行大量的矩阵计算和参数优化。随着硬件技术的不断进步，如图形处理器（GPU）和专用的深度学习芯片（如TPU），使得深度学习在实践中更具可行性和可扩展性。

深度学习在机器视觉领域中的应用尤为广泛。通过深度学习，计算机可以自动地从图像或视频中提取特征，实现图像分类、目标检测、图像生成、人脸识别等任务。深度学习的出色表现使得机器视觉系统在许多领域中取得了突破性的进展，如自动驾驶、智能监控、医学影像分析等。

9.1.2 深度学习环境的搭载

深度学习作为一种强大的机器学习方法，需要在适当的环境下进行搭建和运行。深度学习环境的搭建是进行深度学习研究和应用的关键一步，它提供了必要的软件和硬件支持，使得深度学习算法能够高效地进行训练和推理。

1. 安装 Nvidia 显卡驱动、CUDA 和 cuDNN

1）下载和安装 Nvidia 显卡驱动（大部分计算机买回来是安装过的）

（1）打开设备管理器，查看计算机的显卡型号，如图 9-1 所示。

第 9 章 基于深度学习的机器视觉的应用

图 9-1　在设备管理器中查看显卡型号

（2）根据计算机的显卡型号，在英伟达驱动下载官网选择对应的驱动进行下载，如图 9-2 所示。

图 9-2　英伟达驱动下载官网

（3）单击"搜索"按钮后就会跳转到下载界面，再单击"下载"按钮即可。

（4）下载完成后双击点开安装程序后，一直单击"下一步"按钮直至完成即可。

（5）安装完成之后，按【Windows+R】组合键，输入"cmd"打开命令行窗口。在窗口中输入"nvidia-smi"，如果显示图 9-3 所示信息则为安装成功。注意框标注的就是能下载的最新 CUDA 版本。

图 9-3　nvidia-smi 指令运行结果

2）下载和安装 CUDA

（1）在 CUDA Toolkit 官网可选择所需 CUDA 版本并下载，如图 9-4 所示，选择低于上一步骤中的 CUDA version 的版本，然后单击"Download"按钮进行下载。下载后得到 exe 文件，直接双击执行安装。

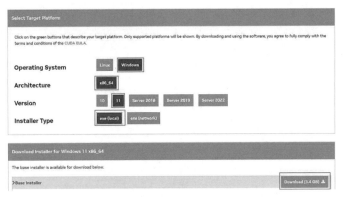

图 9-4　选择对应的 CUDA 版本并下载

（2）安装选项选择自定义安装，然后在 CUDA 中取消"Visual Studio Integration"选项，如图 9-5 所示。

图 9-5　CUDA 安装选项

（3）安装完成后在命令行窗口输入"nvcc -V"，显示图 9-6 所示内容则表示安装成功。

第 9 章 基于深度学习的机器视觉的应用

图 9-6 安装成功 nvcc -V 结果图

（4）如果显示 nvcc 不是内部或外部命令，也不是可运行的程序。则打开计算机的环境变量（在"此电脑"图标右键快捷菜单中选择"属性"→"高级系统设置"→"环境变量"命令）。在环境变量里找到 Path 栏，单击"编辑"按钮。如图 9-7 所示，在"编辑环境变量"对话框单击"新建"按钮，然后单击"浏览"按钮，一直定位到需要添加的文件夹的位置。如果没有自行更改位置，应该是如图 9-7（b）所示的三个文件夹及位置（一般安装完成会被自动添加进去）。

(a)

(b)

图 9-7 在环境变量里添加路径及文件夹位置

3）下载和安装 cuDNN

（1）选择对应安装的 CUDA Toolkit 版本的 cuDNN 点击后选择对应的计算机系统进行下载（下载 cuDNN 需要注册一个 nvidia 的账号，直接单击"注册"按钮，按照步骤完成即可），如图 9-8 所示。

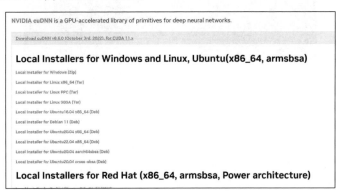

图 9-8 cuDNN 官网页面

（2）下载完成后是一个压缩包，将压缩包解压缩，然后分别复制加压后的文件包中 bin、include、lib 文件夹的内容，放到 CUDA 安装目录下对应的这三个文件夹中，如图 9-9 所示。

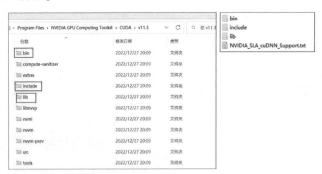

图 9-9 将 cuDNN 中的内容替换到 CUDA 安装目录

2. 安装 Python 环境和 PyCharm

1）下载和安装 Python

（1）如图 9-10 所示，选择对应系统版本下载（以 Windows 为例），尽量不要下载太新的版本，一般选择 3.6~3.8 之间。

第 9 章 基于深度学习的机器视觉的应用

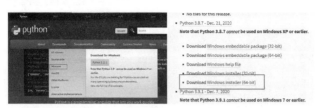

图 9-10　Python 下载地址官网页面

（2）下载完成后是一个 exe 文件，双击运行后勾选首页的两个复选框后单击"Install Now"超链接（如果想自己定义安装目录可以选择自定义安装），如图 9-11 所示。

图 9-11　Python 安装过程选项（1）

2）下载和安装 PyCharm

（1）在官网下载 PyCharm 安装文件，如图 9-12 所示。可选择社区版或专业版进行下载，如果想要使用专业版可以搜索高校免费申领通行证的方法。

图 9-12　PyCharm 安装官网

（2）下载完成后，双击运行 exe 文件。可按图 9-13 进行设置。

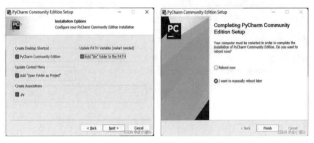

图 9-13　PyCharm 安装过程选项（2）

3. 安装 Anaconda 和 Pytorch

1）下载和安装 Anaconda

（1）在官网选择计算机对应的系统版本下载 Anaconda 软件。如图 9-14 所示，"Download" 按钮下面的三个图标分别表示 Windows、Mac 和 Linux。

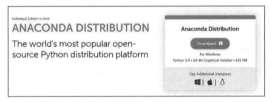

图 9-14　Anaconda 官网下载页面

（2）安装时将 Anaconda 添加到路径的两个复选框均选中，安装结束时的两个复选框都不用勾选，如图 9-15 所示。

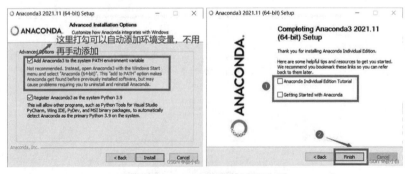

图 9-15　Anaconda 安装过程选项

（3）在命令行界面输入"conda -V"，出现版本号则表示 Anaconda 安装成功，如图 9-16 所示。

图 9-16 Anaconda 安装成功验证

（4）安装成功后，单击"Windows"后，在列表中可以看到多出了"Anaconda"文件夹，其中有"Anaconda Prompt"文件，如图 9-17（a）所示。单击就会出现"Anaconda"的命令行窗口，"（base）"代表当前在 base 环境下，如图 9-17（b）所示。

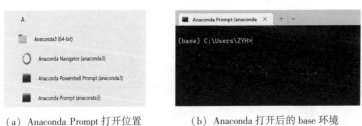

（a）Anaconda Prompt 打开位置　　　（b）Anaconda 打开后的 base 环境

图 9-17 打开 Anaconda Prompt

2）创建 Anaconda 新环境

（1）打开 Anaconda 命令窗口后，一般不会在 base 环境下安装需要的包，而会选择新建一个环境。

① Anaconda 创建环境指令：

```
conda create --name yolov5 python=3.6
```

可创建一个名为 yolov5，Python 版本为 3.6 的环境。

② 查看当前已经创建的环境列表指令：

```
conda env list
```

如果出现了刚刚新建的环境的名字则表示创建成功。

③ 激活环境指令：

```
activate yolov5
```

激活 yolov5 环境，激活成功后首端的括号内会变成 yolov5。

创建过程的命令行窗口结果如图 9-18 所示。

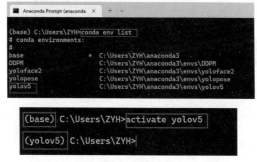

图 9-18　激活新创建的 Anaconda 环境

（2）一些常用的 Anaconda 的指令，见表 9-1。

表 9-1　常用 Anaconda 指令表

指　　令	意　　义
conda deactivate	退出当前环境
conda list	显示当前路径包含的软件包和版本
conda install 包名称	安装包，可在后面加等号指定版本
conda uninstall 包名称	卸载包
conda search 包名称	查询安装包的版本
conda remove -n your_ env_ name --all	删除环境

3）下载 PyTorch

从 PyTorch 官网下载软件如图 9-19 所示。按照自己的 CUDA 版本进行选择，在"Run this Command:"选项里，复制指令语句

```
conda install pytorch torchvision torchaudio pytorch-cuda=11.6 -c pytorch -c nvidia
```

然后在 Anaconda 命令行窗口激活需要安装 PyTorch 的环境，粘贴此指令，直到等待下载完成。

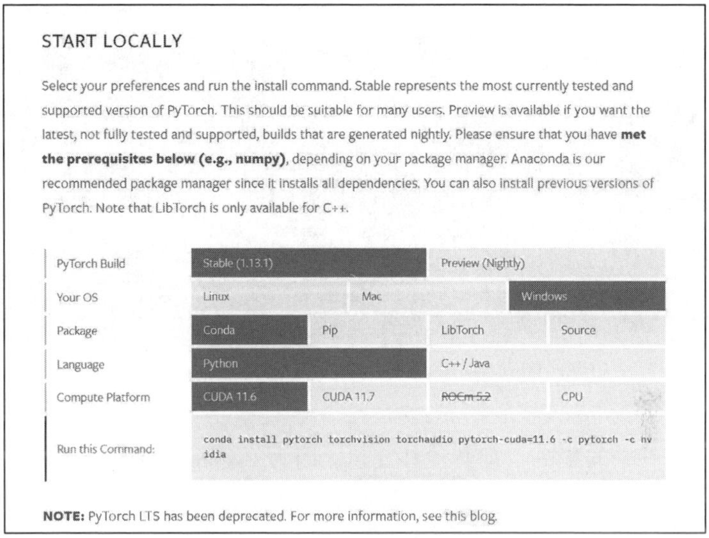

第 9 章 基于深度学习的机器视觉的应用

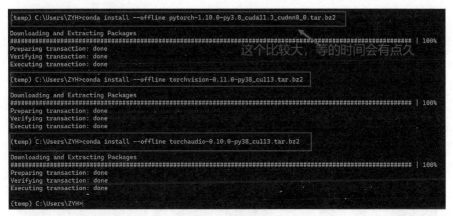

图 9-19　Pytorch 官网下载地址截图

同理，在网站上搜索下载 torchvision torchaudio 包，并都放在路径下后用相同指令离线安装，如图 9-20 所示。

图 9-20　安装命令结果

三个安装包都安装成功后，可以使用"conda list"指令查看这三个安装包是否成功安装，并检查环境是否是"CUDA"，版本是否都正确，如图 9-21 所示。

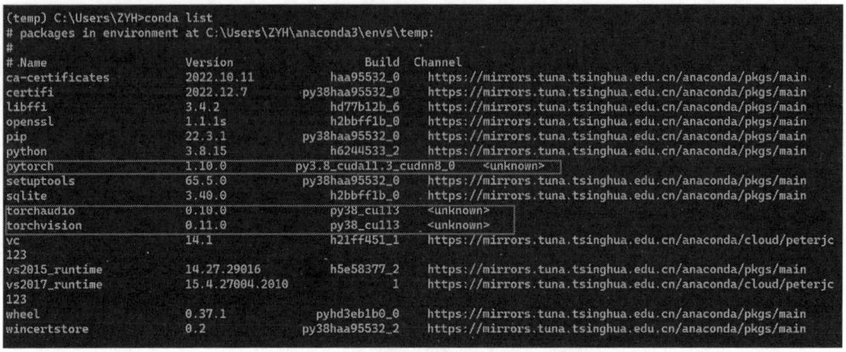

```
(temp) C:\Users\ZYH>conda list
# packages in environment at C:\Users\ZYH\anaconda3\envs\temp:
#
# Name                    Version              Build  Channel
ca-certificates           2022.10.11           haa95532_0    https://mirrors.tuna.tsinghua.edu.cn/anaconda/pkgs/main
certifi                   2022.12.7            py38haa95532_0  https://mirrors.tuna.tsinghua.edu.cn/anaconda/pkgs/main
libffi                    3.4.2                hd77b12b_6    https://mirrors.tuna.tsinghua.edu.cn/anaconda/pkgs/main
openssl                   1.1.1s               h2bbff1b_0    https://mirrors.tuna.tsinghua.edu.cn/anaconda/pkgs/main
pip                       22.3.1               py38haa95532_0  https://mirrors.tuna.tsinghua.edu.cn/anaconda/pkgs/main
python                    3.8.15               h6244533_2    https://mirrors.tuna.tsinghua.edu.cn/anaconda/pkgs/main
pytorch                   1.10.0               py3.8_cuda11.3_cudnn8_0    <unknown>
setuptools                65.5.0               py38haa95532_0  https://mirrors.tuna.tsinghua.edu.cn/anaconda/pkgs/main
sqlite                    3.40.0               h2bbff1b_0    https://mirrors.tuna.tsinghua.edu.cn/anaconda/pkgs/main
torchaudio                0.10.0               py38_cu113    <unknown>
torchvision               0.11.0               py38_cu113    <unknown>
vc                        14.1                 h21ff451_1    https://mirrors.tuna.tsinghua.edu.cn/anaconda/cloud/peterjc123
vs2015_runtime            14.27.29016          h5e58377_2    https://mirrors.tuna.tsinghua.edu.cn/anaconda/pkgs/main
vs2017_runtime            15.4.27004.2010                    https://mirrors.tuna.tsinghua.edu.cn/anaconda/cloud/peterjc123
wheel                     0.37.1               pyhd3eb1b0_0  https://mirrors.tuna.tsinghua.edu.cn/anaconda/pkgs/main
wincertstore              0.2                  py38haa95532_2  https://mirrors.tuna.tsinghua.edu.cn/anaconda/pkgs/main
```

图 9-21　检查安装的版本是否都正确

使用方法一中的指令下载其他补充包，因为 PyTorch、Torchvision、Torchaudio 三个安装包已经装好，这个指令只会安装尚未安装过的部分。注意，要把后面的 "pytorch-cuda=11.6 -c pytorch -c nvidia" 删除，改为 "cudatoolkit=×××"（×××是计算机对应的 cuda 版本号）。例如：

conda install pytorch torchvision torchaudio cudatoolkit=11.3

新增的需要下载的安装包如图 9-22 所示。

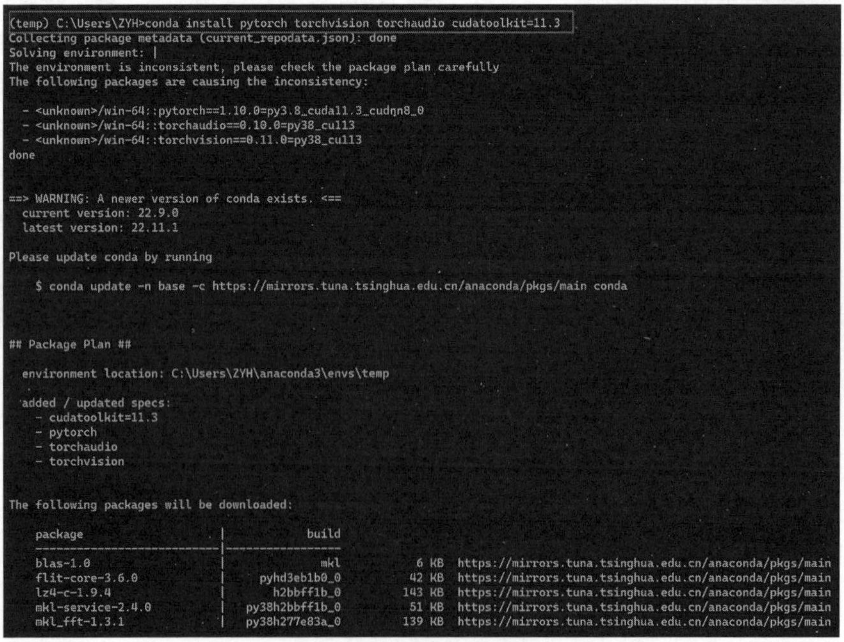

```
(temp) C:\Users\ZYH>conda install pytorch torchvision torchaudio cudatoolkit=11.3
Collecting package metadata (current_repodata.json): done
Solving environment: |
The environment is inconsistent, please check the package plan carefully
The following packages are causing the inconsistency:

  - <unknown>/win-64::pytorch==1.10.0=py3.8_cuda11.3_cudnn8_0
  - <unknown>/win-64::torchaudio==0.10.0=py38_cu113
  - <unknown>/win-64::torchvision==0.11.0=py38_cu113
done

==> WARNING: A newer version of conda exists. <==
  current version: 22.9.0
  latest version: 22.11.1

Please update conda by running

    $ conda update -n base -c https://mirrors.tuna.tsinghua.edu.cn/anaconda/pkgs/main conda


## Package Plan ##

  environment location: C:\Users\ZYH\anaconda3\envs\temp

  added / updated specs:
    - cudatoolkit=11.3
    - pytorch
    - torchaudio
    - torchvision


The following packages will be downloaded:

    package                    |          build
    ---------------------------|-----------------
    blas-1.0                   |              mkl           6 KB  https://mirrors.tuna.tsinghua.edu.cn/anaconda/pkgs/main
    flit-core-3.6.0            |    pyhd3eb1b0_0          42 KB  https://mirrors.tuna.tsinghua.edu.cn/anaconda/pkgs/main
    lz4-c-1.9.4                |       h2bbff1b_0         143 KB  https://mirrors.tuna.tsinghua.edu.cn/anaconda/pkgs/main
    mkl-service-2.4.0          |  py38h2bbff1b_0          51 KB  https://mirrors.tuna.tsinghua.edu.cn/anaconda/pkgs/main
    mkl_fft-1.3.1              |  py38h277e83a_0         139 KB  https://mirrors.tuna.tsinghua.edu.cn/anaconda/pkgs/main
```

图 9-22　补齐其他的包

图 9-22　补齐其他的包（续）

验证 PyTorch 是否安装成功，在命令行输入"python"，进入 Python 编辑状态，然后依次输入以下代码：

```
import torch
print(torch.cuda.is_available())
```

返回"true"即为安装成功，如图 9-23 所示。

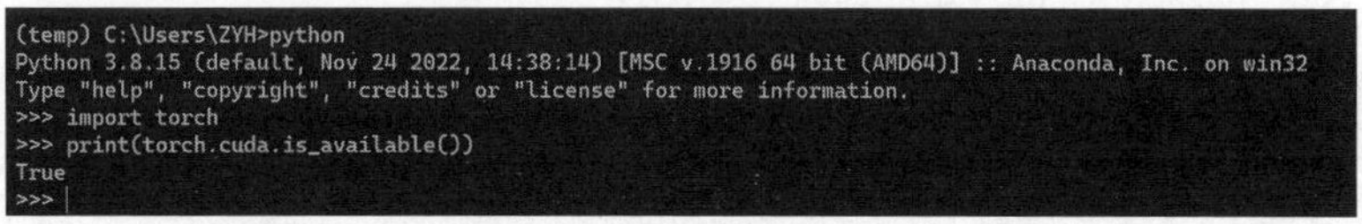

图 9-23　安装成功截图

9.1.3　PyCharm 平台的使用

1. 使用 PyCharm 平台加载环境

打开 PyCharm 软件，单击"Open"按钮，然后选择需要的文件夹打开。打开后会弹出是否要新建一个虚拟环境的弹窗，选择"Cancer"，如图 9-24 所示。

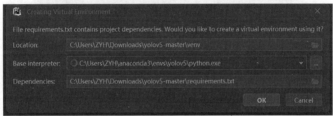

图 9-24　用 PyCharm 平台加载环境

选择 PyCharm 界面左上角的"File"→"setting"命令,打开设置界面。选择"Projec:yolov5-master"→"Python Interpreter"命令。打开后如果列表里面直接有刚刚在 Anaconda 中创建的虚拟环境名字直接选择即可,如果没有选择"Add Interpreter"→"Add Local Interpreter"命令,如图 9-25 所示。在安装 Anaconda 的文件夹里面,"envs"文件夹里面放着 base 环境以及我们创建的所有 conda 环境。要是没有直接显示出来,可以点后面的三个点找到路径后选择到自己创建的环境名称的文件夹下的"python.exe"即可,如图 9-26 所示。

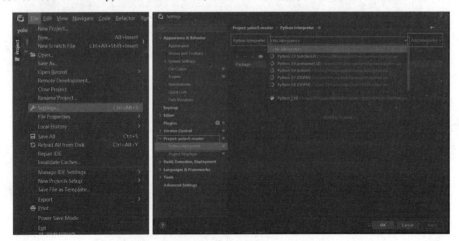

图 9-25　用 PyCharm 打开 yolov5 项目

第 9 章 基于深度学习的机器视觉的应用 171

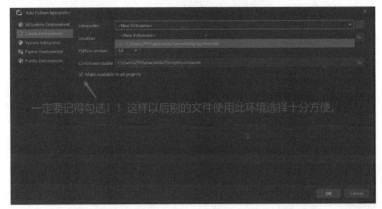

图 9-26 将创建好的 conda 环境加载到 PyCharm

2. 使用 PyCharm 平台下载需要的安装包

打开一个项目后,界面自动弹出需要下载的包,单击"install requirements",就会自动下载"requirements.txt"列出来的所有对应版本的安装包。也可以单击下面的"terminal",然后输入指令"pip install -r requirements.txt"进行安装即可,如图 9-27 所示。

图 9-27 下载所需要的环境包

有些安装不成功的包，比如 opencv-python，可以选择"File"→"settings"命令，然后单击界面中的加号，搜索对应的名称进行安装，如图 9-28 所示。

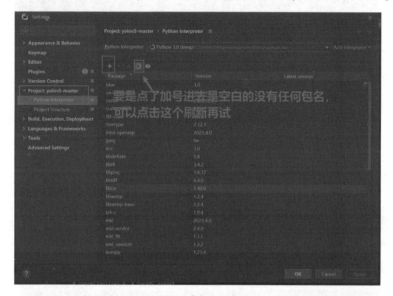

（a）

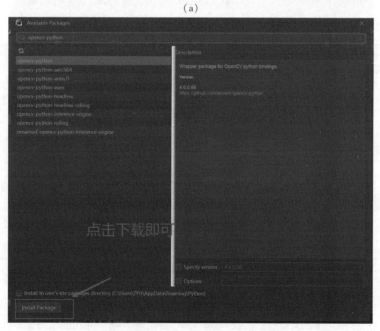

（a）

图 9-28 使用 IDE 下载需要的包

9.2 实际系统举例

本节在前面相关介绍的基础上，详细介绍一个实际系统的举例——基于 YOLOv5 和 ArcFace 的人脸识别系统。

主要知识点如下：

(1) YOLOv5 目标检测。了解 YOLOv5 的基本框架，了解如何利用 YOLOv5 框架训练自己需要的检测器，深刻理解 YOLOv5 具有哪些特点，深刻理解 YOLOv5 在机器视觉方面主要能够用来解决哪些基本问题，帮助读者全面了解深度学习在机器视觉方面的本质和优势。

(2) 仪表盘读数系统。了解二维云台和机械手的控制原理，了解 pid 的控制原理，了解如何在 YOLOv5 检测框架的基础上实现对仪表盘的指针进行读数并且深入理解主要代码。

9.2.1 YOLOv5 目标检测

YOLOv5（You Only Look Once version 5）是计算机视觉领域的一种目标检测算法，它是 YOLO（You Only Look Once）系列的第五个版本。YOLO 算法系列以其速度快和准确性高而闻名，适用于实时目标检测任务。它具有以下主要特点：

(1) 实时目标检测：YOLOv5 旨在实现实时目标检测，它能够快速而准确地检测图像或视频中的多个对象，包括物体的类别和位置。

(2) 单一模型：与一些目标检测方法不同，YOLOv5 采用单一的神经网络模型，该模型同时执行对象检测和类别分类，因此速度很快。

(3) 轻量化设计：YOLOv5 采用了一系列轻量化设计，包括通道注意力机制和 CSPDarknet53 骨干网络，以提高性能和减小模型的大小。

(4) 多用途应用：YOLOv5 不仅适用于目标检测，还可以用于人脸检测、车辆检测、物体跟踪等多种计算机视觉任务。

(5) 开源：YOLOv5 是一个开源项目，其源代码可在 GitHub 上获得，这使得研究人员和开发人员可以根据自己的需求进行自定义和扩展。

1. 数据集的制作

Yolo 自带的检测器有利用目前开源的数据集训练的 80 种种类的检测器和二十种种类的检测器。如果需要自己想要检测的目标的检测器则需要自己制作数据集并进行训练。具体流程如下：

1）图片集的收集

首先收集大量有自己所需要检测目标的图片。然后将其分类放在文件夹里。文件夹的名字分别设为对应的类别。

2）图片集的标注

使用专用的标注软件，如在线的标注工具 Make Sense 等，将图片中的目标标注出来，按照 yolo 模型的标注格式 xywh（即目标的左上角坐标 x，y 和目标的宽高 w，h，如图 9-29 所示）将目标的标注信息存在对应的 txt 里。

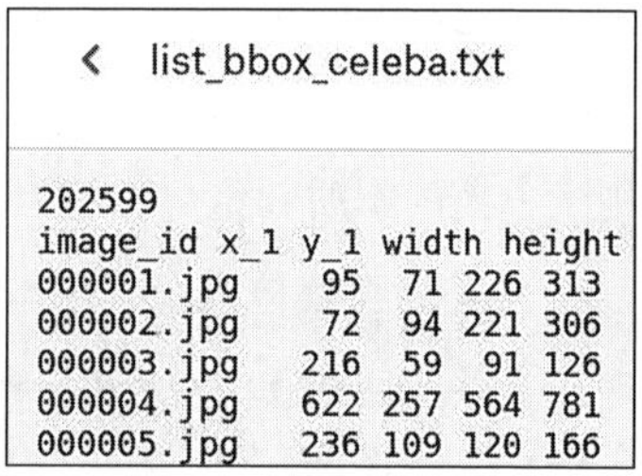

```
< list_bbox_celeba.txt

202599
image_id  x_1  y_1  width  height
000001.jpg  95  71  226  313
000002.jpg  72  94  221  306
000003.jpg  216  59  91  126
000004.jpg  622  257  564  781
000005.jpg  236  109  120  166
```

图 9-29 对应图片的标注文件

2. 模型的训练

使用 YOLOv5 的 train.py 进行训练，只需要在以下代码部分设置好参数，运行代码开始训练即可，训练结束后即可获得需要的权重文件，用于进行对应的检测。

```
parser=argparse.ArgumentParser()
parser.add_argument('--weights', type=str, default='weights/yolov5m.pt', help='initial weights path')
parser.add_argument('--cfg', type=str, default='models/yolov5m.yaml', help='model.yaml path')
parser.add_argument('--data', type=str, default='data/face.yaml', help='dataset.yaml path')
parser.add_argument('--hyp', type=str, default='data/hyps/hyp.scratch-low.yaml', help='hyperparameters path')
parser.add_argument('--epochs', type=int, default=20)
parser.add_argument('--batch-size', type=int, default=4, help='total batch size for all GPUs, -1 for autobatch')
parser.add_argument('--imgsz', '--img', '--img-size', type=int, default=640, help='train, val images size (pixels)')
parser.add_argument('--rect', action='store_true', help='rectangular training')
```

```
    parser.add_argument('--resume', nargs='?', const=True, default
=False, help='resume most recent training')
    parser.add_argument('--nosave', action='store_true', help='on-
ly save final checkpoint')
    parser.add_argument('--noval', action='store_true', help='only
 validate final epoch')
    parser.add_argument('--noautoanchor', action='store_true', help
='disable AutoAnchor')
    parser.add_argument('--evolve', type=int, nargs='?', const=
300, help='evolve hyperparameters for x generations')
    parser.add_argument('--bucket', type=str, default='', help='gsutil
 bucket')
    parser.add_argument('--cache', type=str, nargs='?', const='ram',
 help='--cache images in "ram" (default) or "disk"')
    parser.add_argument('--image-weights', action='store_true',
 help='use weighted images selection for training')
    parser.add_argument('--device', default='', help='cuda device,
 i.e. 0 or 0,1,2,3 or cpu')
    parser.add_argument('--multi-scale', action='store_true', help=
'vary img-size +/- 50%%')
    parser.add_argument('--single-cls', action='store_true', help=
'train multi-class data as single-class')
    parser.add_argument('--optimizer', type=str, choices=['SGD',
'Adam','AdamW'], default='SGD', help='optimizer')
    parser.add_argument('--sync-bn', action='store_true', help=
'use SyncBatch
```

以上配置参数解释如下：

--weights：初始化权重路径，默认为'weights/yolov5m.pt'。

--cfg：模型配置文件路径，默认为'models/yolov5m.yaml'。

--data：数据集配置文件路径，默认为'data/face.yaml'。

--hyp：超参数配置文件路径，默认为'data/hyps/hyp.scratch-low.yaml'。

--epochs：训练的总轮数，默认为20。

--batch-size：每个GPU的批量大小，默认为4。

--imgsz：训练和验证图像的尺寸（像素），默认为640。

--rect：是否进行矩形训练，默认为False。

--resume：是否从最近一次的训练中恢复，默认为False。

--nosave：是否只保存最终的检查点，默认为 False。

--noval：是否只在最后一个 epoch 进行验证，默认为 False。

--noautoanchor：是否禁用 AutoAnchor，默认为 False。

--evolve：进行超参数演化的代数，默认为 300。

--bucket：gsutil 存储桶路径，默认为空。

--cache：图像缓存方式，可以选择在"ram"（默认）或"disk"中缓存图像。

--image-weights：是否使用加权图像进行训练，默认为 False。

--device：使用的设备，可以是 cuda 设备（如 0 或 0, 1, 2, 3）或 cpu，默认为空。

--multi-scale：是否在训练过程中变化图像尺寸，默认为 False。

--single-cls：是否将多类别数据作为单类别训练，默认为 False。

--optimizer：优化器选择，可选项为'SGD'、'Adam'或'AdamW'，默认为'SGD'。

--sync-bn：是否使用 SyncBatchNorm，仅在 DDP 模式下可用，默认为 False。

--workers：最大数据加载器的工作进程数（每个 DDP 模式下的 RANK），默认为 8。

--project：保存的项目/名称，默认为'runs/train'。

--name：保存的项目名称，默认为'exp'。

--exist-ok：是否允许存在的项目/名称，不递增，默认为 False。

--quad：是否使用四路数据加载器，默认为 False。

--cos-lr：是否使用余弦学习率调度程序，默认为 False。

--label-smoothing：标签平滑的 epsilon 值，默认为 0.0。

--patience：EarlyStopping 的耐心（即未改进的 epoch 数），默认为 100。

--freeze：可选择要冻结的层级，默认为 [0]。

--save-period：每隔 x 个 epoch 保存一次检查点（如果 save period<1，则禁用）。

9.2.2 仪表盘读数系统

仪表盘读数系统的功能是实现机器在二维云台或者机械手控制瞄准仪表盘并且读出仪表盘指针读数。

1. 系统结构

以下分为以二维云台为控制系统和以机械臂为控制系统的结构：

1）二维云台类系统结构

该系统以两个舵机构成的二维云台作为摄像头的安置装置，结构如图 9-30 所示，使用 jetson xavier nx 作为主控连接摄像头，使用 pid 算法驱动二维云台使得摄像头瞄准目标表盘，再对目标表盘进行读数。

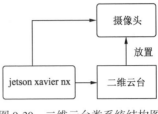

图 9-30　二维云台类系统结构图

2）机械臂类系统结构

该系统以 DOBOT Magician 的机械臂作为摄像头的安置装置，结构图如图 9-31 所示，使用 jetson xavier nx 作为主控连接摄像头，使用 pid 算法计算出机械臂的运动轨迹后与 arduino 进行串口通信，再由 arduino 去驱动机械臂瞄准目标表盘，最后对目标表盘进行读数。

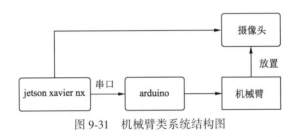

图 9-31　机械臂类系统结构图

2. PID 代码实例

1）二维云台实例

输入：pid 算法系统的输入由云台上的摄像机提供，把摄像头拍摄的画面的中心点作为反馈的信号输入 pid 系统，也就是可以模拟摄像机的实时焦点位置。然后目标位置就可以设置成某个对象的中心点，例如人脸的中心，通过 pid 算法达到将一直在校准自己的摄像头正对人脸的效果。

输出：输出控制角度，当实际坐标点在目标点左边或者右边的时候，控制横向的舵机加大或者减小角度，垂直同理，当实际坐标点在目标点上边或者下边的时候，控制纵向的舵机加大或者减小角度。再实时地反馈进 pid 系统。

PID 类代码 [6]：

```
# PID 控制一阶惯性系统测试程序
# ***********************************************#
#                      位置式 PID 系统                     #
# ***********************************************#
class PositionalPID:
    def __init__(self,P,I,D):
        self.Kp=P
        self.Ki=I
        self.Kd=D

        self.SystemOutput=0.0
        self.ResultValueBack=0.0
        self.PidOutput=0.0
        self.PIDErrADD=0.0
        self.ErrBack=0.0

    # 设置 PID 控制器参数
    def SetStepSignal(self,StepSignal):
        Err=StepSignal-self.SystemOutput
        KpWork=self.Kp* Err
        KiWork=self.Ki* self.PIDErrADD
        KdWork=self.Kd* (Err-self.ErrBack)
        self.PidOutput=KpWork+KiWork+KdWork
        self.PIDErrADD+=Err
        self.ErrBack=Err

    # 设置一阶惯性环节系统，其中 InertiaTime 为惯性时间常数
    def SetInertiaTime(self,InertiaTime,SampleTime):
        self.SystemOutput=(InertiaTime* self.ResultValueBack+\
            SampleTime* self.PidOutput)/(SampleTime+InertiaTime)
        self.ResultValueBack=self.SystemOutput
```

调用 pid 类控制二维云台代码：

```
import PID
import time
import math
import smbus
```

```
from PCA9685 import PCA9685
xservo_pid=PID.PositionalPID(0.35,0.04,0.015) # 0.75 0.08 0.06
yservo_pid=PID.PositionalPID(0.50,0.06,0.035) # 0.55 0.05 0.04
pwm=PCA9685(0x40,debug=True)
pwm.setPWMFreq(50)
//控制舵机
for (x,y,w,h) in faces:
    cv2.rectangle(img,(x,y),(x+w,y+h),(255,0,0),2)
    xservo_pid.SystemOutput=x+h/2
    xservo_pid.SetStepSignal(640)
    xservo_pid.SetInertiaTime(0.01,0.006)
    target_valuex=int(1500+xservo_pid.SystemOutput)
    # print("x:")
    # print(target_valuex)
    pwm.setServoPulse(3,target_valuex)
    yservo_pid.SystemOutput=y+w/2
    yservo_pid.SetStepSignal(480)
    yservo_pid.SetInertiaTime(0.01,0.006)
    target_valuey=int(1500+yservo_pid.SystemOutput)
    # print("y:")
    # print(target_valuey)
    pwm.setServoPulse(8,target_valuey)
```

2）机械臂实例

输入：pid 算法系统的输入由机械臂上的摄像机提供，把摄像头拍摄的画面的中心点作为反馈的信号输入 pid 系统，也就是可以模拟摄像机的实时焦点位置。然后就可以将目标位置设置成某个对象的中心点，例如人脸的中心，通过 pid 算法达到一直在校准自己的摄像头正对人脸的效果。

输出：输出控制机械臂的三维空间坐标，当实际坐标点在目标点左边或者右边的时候，控制机械臂坐标点向目标坐标点靠近，并实时反馈进 pid 系统。得到需要调整的数值后通过串口通信传送给机械臂的主控端去驱动机械臂。

PID 类的代码同上述二维云台中的代码，调用代码会有区别，因为一个是舵机转动的角度，一个是机械臂的坐标点。

调用 pid 类控制机械臂代码（jetson xavier nx）：

```python
import os
import cv2
import numpy as np
from util.augmentation import BaseTransform
from util.config import config as cfg, update_config, print_config
from util.option import BaseOptions
from network.textnet import TextNet
from util.detection_mask import TextDetector as TextDetector_mask
import torch
from util.misc import to_device
from util.read_meter import MeterReader
from util.converter import keys,StringLabelConverter
from get_meter_area import  Detector
import PID
import time
import math
import smbus
import serial as ser

videocapture=cv2.VideoCapture(0)
xservo_pid=PID.PositionalPID(0.18, 0.015, 0.0025)
yservo_pid=PID.PositionalPID(0.30, 0.009, 0.002)
se = ser.Serial("/dev/ttyTHS0",115200)


option=BaseOptions()
args=option.initialize()

update_config(cfg,args)
print_config(cfg)

# predict_dir='demo/'

model=TextNet(is_training=False, backbone=cfg.net)
model_path=os.path.join(cfg.save_dir,cfg.exp_name,
'textgraph_{}_{}.pth'.format(model.backbone_name,cfg.checkepoch))
model.load_model(model_path)
model=model.to(cfg.device)
converter=StringLabelConverter(keys)
```

```python
det=Detector()
detector=TextDetector_mask(model)
meter=MeterReader()
transform = BaseTransform(size = cfg.test_size, mean = cfg.means, std = cfg.stds)

right_num=0


# image_list=os.listdir(predict_dir)

while(True):
    _,img=videocapture.read()
    image,image_info,digital_list,meter_list,x1,y1,x2,y2=det.detect(img, 1)
    cv2.imshow("仪表检测",image)
    cv2.waitKey(1)
    if len(meter_list)==0:
        print("no detected meter")
        continue
    else:
        for i in meter_list:
            image,_=transform(i)
            image=image.transpose(2,0,1)
            image=torch.from_numpy(image).unsqueeze(0)
            image=to_device(image)

            xservo_pid.SystemOutput=(x1+x2)/2
            xservo_pid.SetStepSignal(640)
            xservo_pid.SetInertiaTime(0.01,0.006)
            target_valuex=int(50+ xservo_pid.SystemOutput)


            yservo_pid.SystemOutput=(y1+y2)/2
            yservo_pid.SetStepSignal(480)
            yservo_pid.SetInertiaTime(0.01,0.006)
            target_valuey=int(14+yservo_pid.SystemOutput)
```

```python
            if(target_valuey<100 and target_valuey>-100 and targe t_
valuex<180 and target_valuex>-180):
send_data="{},{}z".format(target_valuex,target_valuey)
                print(send_data)
                se.write(send_data.encode())
                time.sleep(1)


            if(xservo_pid.ErrBack<=15.0 and xservo_pid.ErrBack<=15.0):
                print("locate meter!!")
                #break
                right_num=right_num+1
                if(right_num==5):
                    right_num=0
                    time.sleep(1)
                    _,img=videocapture.read()
                    image,image_info,digital_list,meter_list,x1,y1,
x2,y2=det.detect(img,1)
                    if len(meter_list)==0:
                        print("no detected meter")
                        continue
                    else:
                        for i in meter_list:
                            image,_=transform(i)
                            image=image.transpose(2,0,1)
image=torch.from_numpy(image).unsqueeze(0)
                            image=to_device(image)
```

控制机械臂的代码（arduino mega 2560 r3）:

```
    void loop()
    {
        InitRAM();
        ProtocolInit();
        SetPTPJointParams(&gPTPJointParams,true,&gQueuedCmdIndex);
        SetPTPCoordinateParams(&gPTPCoordinateParams,true,&gQueuedCmdIndex);
        SetPTPCommonParams(&gPTPCommonParams,true,&gQueuedCmdIndex);
        printf("\r\n======Enter demo application======\r\n");
        SetPTPCmd(&gPTPCmd,true,&gQueuedCmdIndex);
        delay(3000);
```

```
    ProtocolProcess();
    while(true){
        while(Serial3.available()){
        read_data=Serial3.readStringUntil('z');
        target_valuex=read_data.substring(0,read_data.indexOf (","));
        target_valuey=read_data.substring(read_data.indexOf(",")+
1,read_data.length());
        gPTPCmd.y=target_valuex.toInt();
        gPTPCmd.z=target_valuey.toInt();
        Serial.println(read_data);
        SetPTPCmd(&gPTPCmd, true, &gQueuedCmdIndex);
        ProtocolProcess();
        }
    }
```

3. 仪表识别系统

由数据集训练得到的网络，可以直接定位图片中仪表盘的位置，结合上述 pid 算法与二维云台或者机械臂，来达到使得仪表盘在图片中心的目的。然后再继续定位仪表盘上刻度值的位置以及指针的位置。最后根据刻度值的角度计算出每度代表多少刻度，然后根据指针转动的角度来计算最终的仪表读数。具体来说就是提出了一种基于改进的空间变换网络（STN）的空间变换模块（STM），以自主的方式获得图像的前视图。同时，提出了一个值获取模块（VAM），通过端到端训练的框架来推断准确的仪表值。机械臂实例的最终效果图如图9-32所示。

图9-32 机械臂类仪表识别系统效果图

小 结

本章涵盖了深度学习的基本概念、环境搭建以及在实际应用中的结合。通过介绍深度学习的基础知识,读者对目标检测算法 YOLO 有了基本了解。在深度学习环境搭建方面,探讨了常用的深度学习框架 PyTorch 以及它的安装和使用,并且将深度学习与实际的控制系统相结合,我们介绍了如何利用深度学习网络(如 YOLO)来定位仪器仪表,通过 PID 控制系统实现对二维云台或机械臂的控制。这一系统的设计和实现,使得仪器仪表的定位和读数更加智能、准确。

通过本章的学习,读者不仅掌握了深度学习的基础知识,还了解了如何将其应用于实际的控制系统中。深度学习的强大功能为仪器仪表的定位提供了新的可能性,而 PID 控制系统的引入则增强了整体系统的稳定性和精度。在未来的工程应用中,这种将深度学习与传统控制方法结合的方案有着广泛的应用前景。

习 题

1. 深度学习在机器视觉中扮演了怎样的角色?简要说明其应用和意义。

2. 请列举几种常见的深度学习模型在机器视觉中的应用场景,并描述其工作原理。

3. 对比传统机器视觉方法和深度学习方法,在性能、准确率和适用场景方面的优劣势。

4. 选择一种深度学习模型,例如 CNN(卷积神经网络)或 RNN(循环神经网络),并详细解释其在机器视觉系统中的工作原理。

5. 编写一个 Python 脚本,使用 TensorFlow 或 PyTorch 实现一个简单的卷积神经网络(CNN)模型,用于图像分类任务。要求包括模型定义、数据加载、训练和评估步骤。

6. 使用 OpenCV 和深度学习模型(如 YOLO 或 SSD)实现一个实时目标检测系统。要求编写一个 Python 脚本,能够从摄像头捕获视频流,在视频流中实时检测和跟踪目标,并将检测结果实时显示在视频上。

参考文献

[1] 孙巍伟,卓奕君,唐凯.面向工业4.0的智能制造技术与应用[M].北京:化学工业出版社,2022.

[2] 任沁源,高飞,朱文欣.空中机器人[M].北京:机械工业出版社,2021.

[3] 冯伟兴,梁洪,王臣业.Visual C++数字图像模式识别典型案例详解[M].北京:机械工业出版社,2012.

[4] 黄妙华.智能车辆控制基础[M].北京:机械工业出版社,2020.

[5] 刘少山.第一本无人驾驶技术书[M].北京:电子工业出版社,2017.

[6] 左奎军.基于视觉引导的民航维修工具抓取检测方法研究[D].南京:南京航空航天大学,2021.

[7] 钟德宝.基于多传感器信息融合的步态识别研究[D].广州:广东工业大学,2020.

[8] 黄燕.近程毫米波辐射计检测与数据处理[D].南京:南京理工大学,2017.

[9] 王风梅.基于机器视觉的小件陶瓷管检测系统的研究[D].西安:西安科技大学,2004.

[10] 冯月芹,陈义.基于图像处理的光伏发电自动跟踪控制系统[J].单片机与嵌入式系统应用,2018,18(11):75-79.

[11] 李晓东,李志强,雷晓平,等.彩色数字仪表图像二值化技术研究[J].计算机技术与发展,2010,20(4):120-123.

[12] 陈晓龙,陈万培,刘时,等.基于虚拟仪器的彩色图像单色背景透明化处理[J].国外电子测量技术,2012,31(6):33-35.

[13] 陈鹏展,杨希.嵌入式图像边缘检测系统设计与实现[J].计算机应用与软件,2017,34(7):176-181.

[14] 曾俊,李德华.彩色图像SUSAN边缘检测方法[J].计算机工程与应用,2011,47(15):194-196.

[15] 濮飞飞.数字图像处理技术在印品质量检测中的应用[J].印刷质量与标准化,2012(9):45-49.

[16] 邹轩,沈建强,马立新,等.一种色织物的颜色表示与自动识别方法[J].计算机工程,2008(19):215-217.

[17] 唐大全,唐管政,谷旭平.改进ORB-LK光流法的无人机速度估计[J].电光与控制,

2021,28(6),95-99

[18] 胡章芳,漆保凌,罗元,等.V-SLAM中点云配准算法改进及移动机器人实验[J].哈尔滨工业大学学报,2019,51(1),170-177.

[19] 翟丽,张雪莹,张闲,等.基于势场法的无人车局部动态避障路径规划算法[J].北京理工大学学报,2022,42(7),696-705.

[20] 陈晋音,杨东勇,邹青华.AS-R移动机器人的动态避障与路径规划研究[J].计算机科学,2012,39(3),222-226.

[21] HUANG J,WANG J,Tan Y,et al. An automatic analog instrument reading system using computer vision and inspection robot[J]. IEEE Transactions on Instrumentation and Measurement,2020,69(9):6322-6335.